以孝治家的事业要靠我们勤劳的双手和像莲花一样的纯洁心灵去帮助所有需要帮助的人们！
　　外圆内方，寓意天圆地方。纯净纯善的天空与皓月交相辉映！呈现出天、地、人合一的瑞象！象征着以孝治家的事业走向辉煌！

## 以孝治家孝行大使

### 王定国

　　王定国，谢觉哉夫人，最高人民法院党委办公室原副主任，第五至七届全国政协委员。

　　1933年加入中国共产党，1934年随红四方面军参加长征。曾任中共营山县委妇女部部长、县苏维埃政府内务委员会主席、延安市妇联主任、中央法制委员会党支部书记。离休后的王定国同志积极投入社会活动，创建了中国文物学会，任副会长，并历任中国干部教育协会常务副主席、司法部顾问、中国关心下一代工作委员会副主任等职。2009年9月，被评为"双百"人物。

　　老红军战士、革命老妈妈王定国在80年革命历程中，用自己的生命印证了一个真正的、用特殊材料制成的共产党员形象。为了理想和信念，她忠诚于党，一生跟党走，彰显了一个共产党员特别能吃苦、特别能战斗、特别能奉献，全心全意为人民服务的精神。王定国老妈妈虽然已经离开了我们，但她的革命精神永远激励我们奋勇前进！

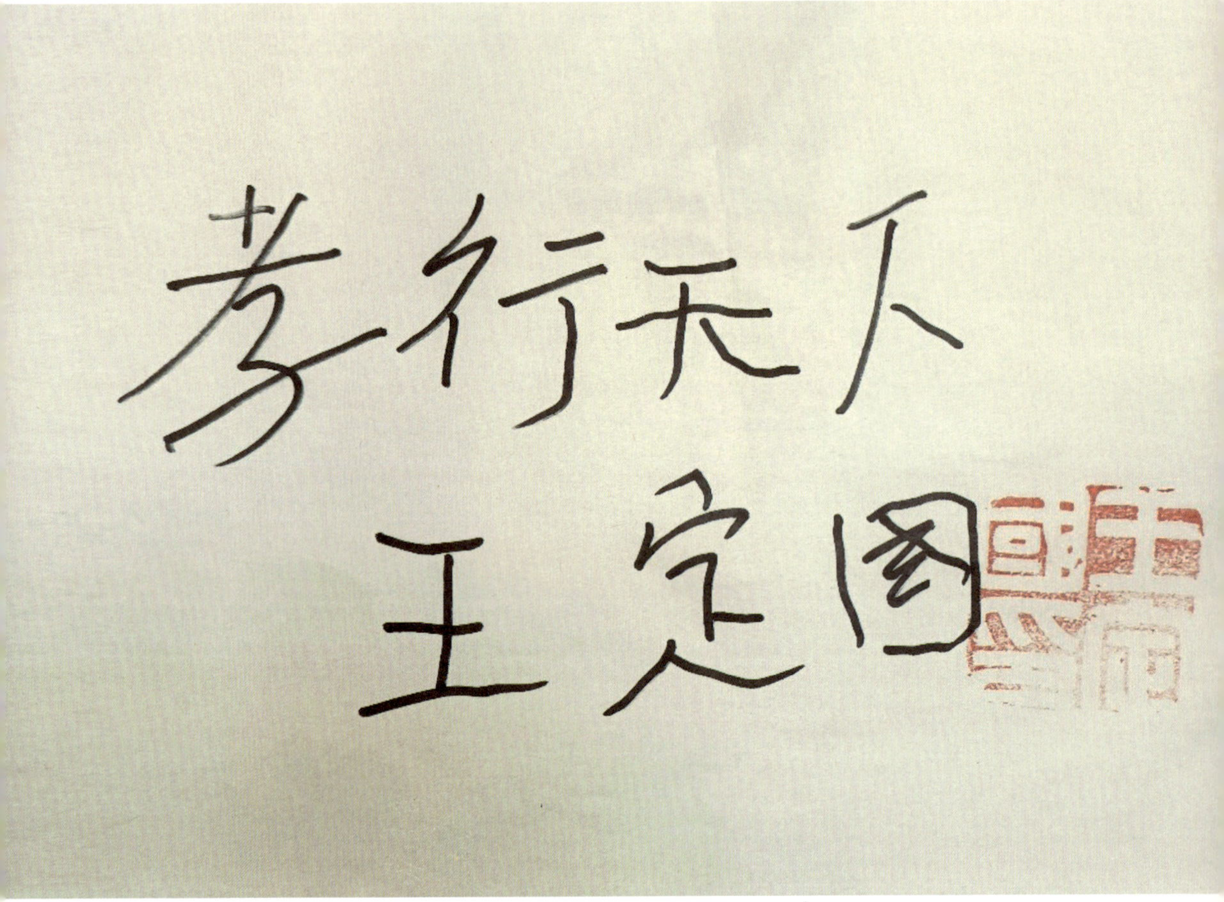

# 孝行天下

## 王定国

王定国　以孝治家孝行大使、老红军战士、谢觉哉同志的爱人

王定国老妈妈虽然已经离开了我们，

但她的革命精神永远激励着我们奋勇前进！

## 以孝治家孝行大使

### 楼宇烈

楼宇烈，国学泰斗，北京大学哲学系、宗教学系教授，北京大学京昆古琴研究所所长，北京大学宗教文化研究院名誉院长。

楼宇烈同志是中国传统文化的积极倡导者、实践者，是享誉海内外的学者，中国哲学大家。编写了《玄学与中国传统哲学》《中国儒学的历史演变与未来展望》《佛教与中国文化》《十三堂国学课》等众多重要论著。耄耋之年仍赴各地讲学，致力于传播与弘扬中国传统文化，为社会公益事业作出突出贡献！

古人云："经师易得，人师难求。"楼宇烈教授，是当今时代名副其实的大儒，是集知识与智慧于一身的人生楷模。他的思想和智慧照亮每个人，是难可值遇的人生导师、指路明灯。

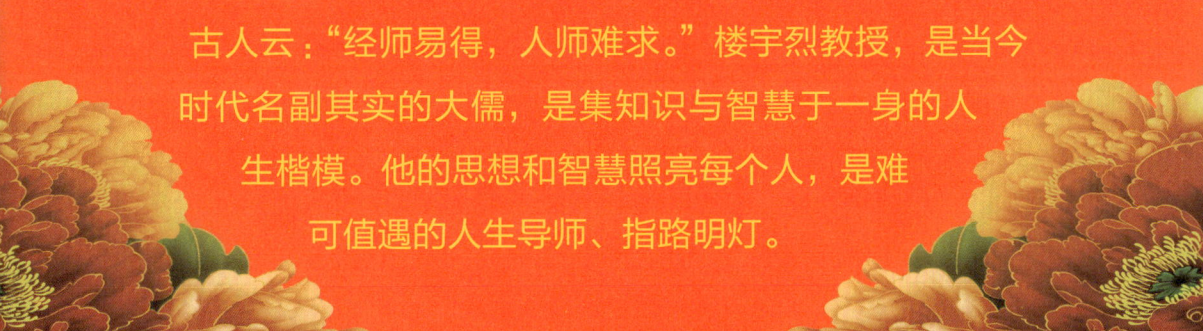

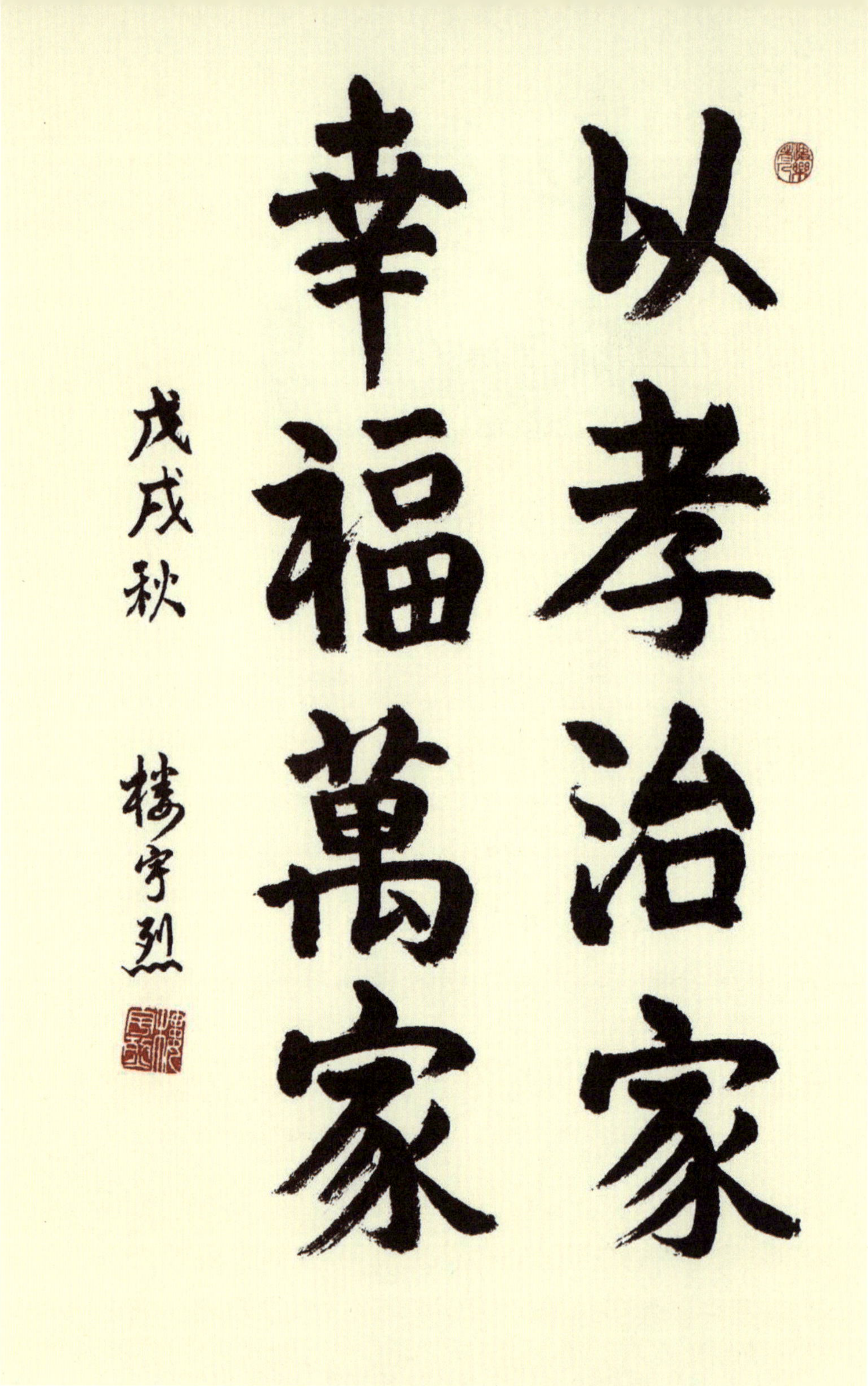

以孝治家 幸福萬家

戊戌秋 樓宇烈

楼宇烈 以孝治家孝行大使、国学大师

## 以孝治家孝行大使

### 张全景

　　张全景，中共中央组织部原部长、中央党建工作领导小组原副组长、全国"三讲"教育联席会议原负责人、全国党建研究会原会长。张全景1946年参加工作，新中国成立后的50多年间基本上都从事组织工作，无论是资历还是组织工作经验，都深受从事组织工作同志们的敬重。

　　因为长期从事组织工作，他对自己的这份事业有着至深的感情，退下来之后仍然长期关注党的建设工作，先后在国内几十个地区来回奔波调研，放弃退休的安逸生活，一心一意关注基层党组织的建设，撰写多篇调研报告。曾经身为中组部部长，可谓位高权重，但他对子女的要求却是非常严格，他有4个孩子在山东，张全景按规定只调了一个孩子随他进京，把其他三个孩子留在了山东，张全景从不允许家人利用他的关系和影响谋取个人利益。从中组部部长的位置上退下来的时候，中央领导找他谈话，他谈到之后的退休生活，四句话：

　　　　学习为主，调研为辅，适度锻炼，继续贡献。

张全景部长关心支持以孝治家行动在全国的部署开展，欣然担任以孝治家孝行大使，他一再嘱托要牢记为人民服务的根本宗旨，弘扬中华民族的优良传统，把以孝治家行动不断推向深入。我们深切缅怀张全景部长的高尚品格，牢记他的殷切嘱托，在他的激励下，我们以党的二十大描绘的蓝图为引领，奋力推动以孝治家行动在全国的深入开展，感召团结更多的力量参与到以孝治家行动中来，为实现中华民族的伟大复兴贡献以孝治家的力量。

## 以孝治家孝行大使

沈一之

    沈一之,中共中央宣传部原秘书长。出生于革命世家,其外祖父、父亲、四舅先后为革命英勇牺牲,其母亲为大革命时期的老党员。沈一之同志先后在中央组织部、中央西南局组织部任巡视员、主任,在中共四川省委宣传部任副部长、部长,在中央宣传部任研究室主任、秘书长等职,曾当选为党的第十三次全国代表大会代表。

    沈一之同志有坚定的理想信念,对党忠诚,勤勤恳恳,长期从事党的组织和宣传工作。后期主要从事思想、理论和文化战线的工作,是思想理论战线的一位特别能战斗、特别能奉献的老战士。

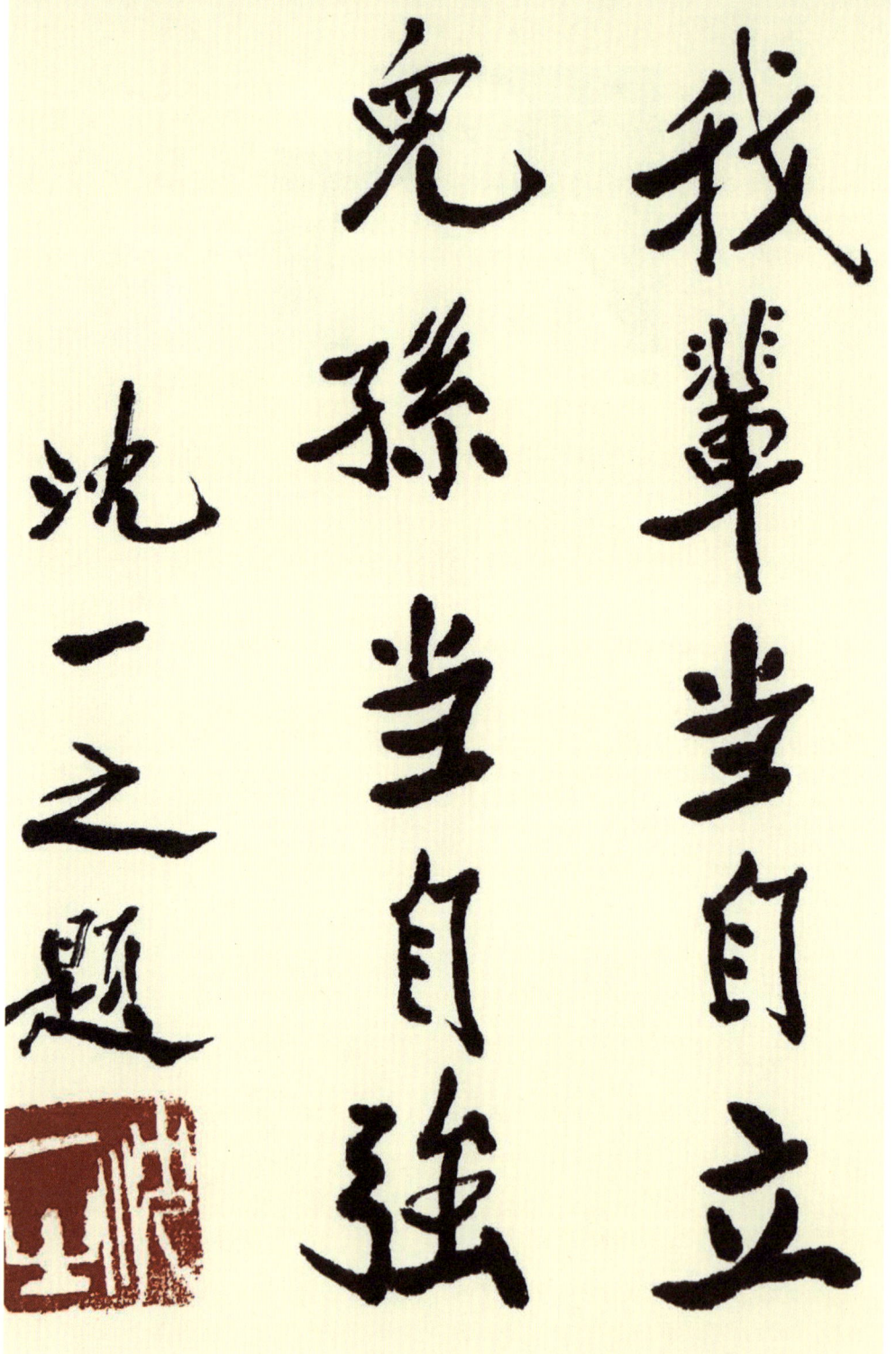

沈一之 以孝治家孝行大使、中宣部原秘书长

## 以孝治家孝行大使

### 周其凤

  周其凤，北京大学原校长，化学家、教育家、中国科学院院士，北京大学化学与分子工程学院教授、博士生导师，吉林大学原校长。

  周其凤同志是我国在高分子合成及液晶高分子方面的著名化学家。曾发表多部学术论著，申请多个发明专利；作为项目负责人承担国家自然科学基金等多个项目。担任大学校长期间，以大胆改革著称，获得了学生和社会的认可，并为社会公益事业作出众多贡献。

  周其凤一直耕耘在我国科研教育事业，忠孝不能两全，为了工作不能常伴母亲身边，他把对母亲的爱全身心投入他所热爱的事业中，取得了丰硕的成果。

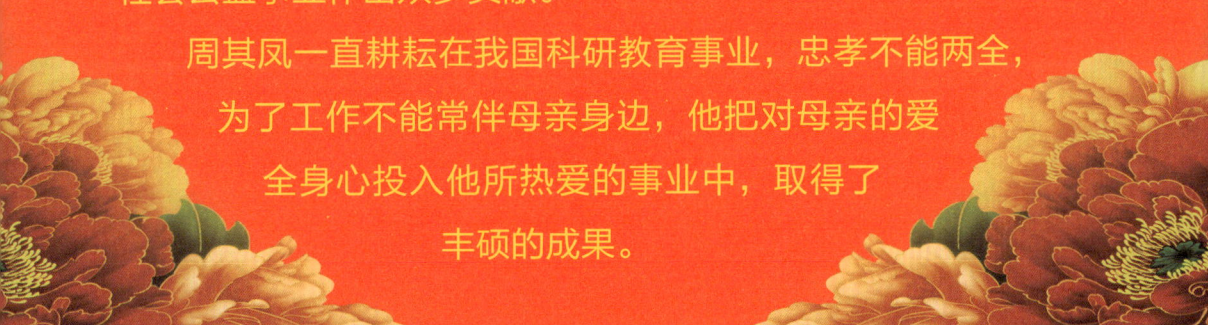

百善孝为先

周其凤　以孝治家孝行大使、中科院院士、北京大学原校长

## 以孝治家孝行大使

### 崔吉俊

  崔吉俊，少将，中国载人航天工程发射场系统原总指挥、酒泉卫星发射中心原主任。1978年毕业于国防科学技术大学飞行器自动控制专业，后又在该校获得工程硕士学位，毕业后长期从事航天试验工程技术和技术管理工作。曾获得国家科技进步特等奖和航天基金奖，写有多本专著，从1993年起一直享受国务院政府特殊津贴。

  崔吉俊将军长期献身于航天事业，顽强拼搏，无私奉献，参与多项卫星工程和"神舟"飞船发射任务的组织领导工作，从未出现过任何事故。崔吉俊所在的发射测试站荣获"中国首次载人航天飞行突出贡献奖"。他深情地说："能成为一名航天人，是我终生的荣耀。假如再给我一万次重新选择的机会，我还是选择航天事业。"崔吉俊为我国航天事业的腾飞作出巨大贡献。

以孝治家
遍地开花

崔吉俊
2018.9.5.

崔吉俊 以孝治家孝行大使、中国载人航天工程发射场系统原总指挥

## 以孝治家孝行大使

李高峰

　　李高峰，全国劳动模范，全国青联常委。于2007年发起"河南在京环保志愿者服务队"，现就职于北京市朝阳区八里庄街道流动人口与出租房屋管理办公室。

　　李高峰同志曾先后荣获"全国劳动模范""学雷锋优秀志愿者"等荣誉称号，2010年被联合国授予"联合国公益实践示范项目奖"。积极参与公益活动，受到首都文明委、中央文明委的肯定和支持。全国雷锋文化联盟创办"李高峰学雷锋志愿服务团"，截至2017年，志愿者已达两百余万人。李高峰同志作为一名共产党员，能吃苦、乐助人、勇奉献，将温暖送给身边的职工和群众，将社会主义核心价值观传播给世人。他清理河道、打捞垃圾，把首都老人当作亲人，照顾了十几位孤寡老人，年年被评为"北京孝星"。在环保、助老、治安、关注农民进城务工等领域，为社会公益事业作出卓越的贡献！

我为人人
人人为我

李高峰.9.4号

李高峰　以孝治家孝行大使、全国雷锋文化联盟副秘书长

## 以孝治家孝行大使

### 传喜法师

　　传喜法师，释净庆，字号传喜，1967年生于上海。传喜法师自80年代为探寻生命意义而学佛，一直秉承恩师悟公上人之教诲，持戒念佛，自度度人，振兴佛法，普利人天。在当今文化多元、信息爆炸的年代，传喜法师带领信众概览东西方文明精神与现代世界的关系，梳理东西方文明思想与文化脉络，探讨历史与现实、人文与自然交织出的丰富多彩的现代社会关系；以系统的思维、多维视角解读中华文化道统中"天人合一"的文化核心，启迪心智；感受多元文化，体悟东西方文明的魅力，均衡身心灵的关系，探索现今世界乱象的化解之道，为21世纪地球文明融入宇宙文明描绘蓝图。

　　传喜法师为传播中华传统文化，十余年来应邀赴世界各地，随顺众生宣流法音。作为以孝治家孝行大使，弘扬孝道行程数万公里，足迹遍及世界各地。传喜法师以"孝"的力量传播大爱，以"孝心"作为净化心灵噪音、恢复心灵正能量的密钥和总把手，为构建心灵绿地及家庭幸福、社会和谐、世界和平作出卓越贡献。

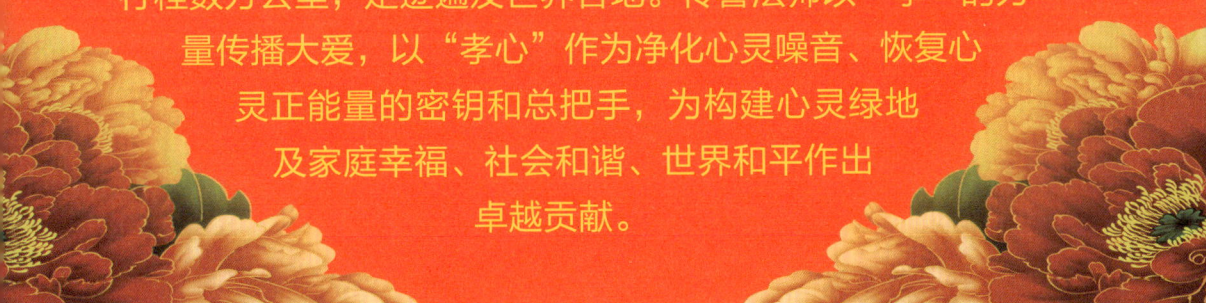

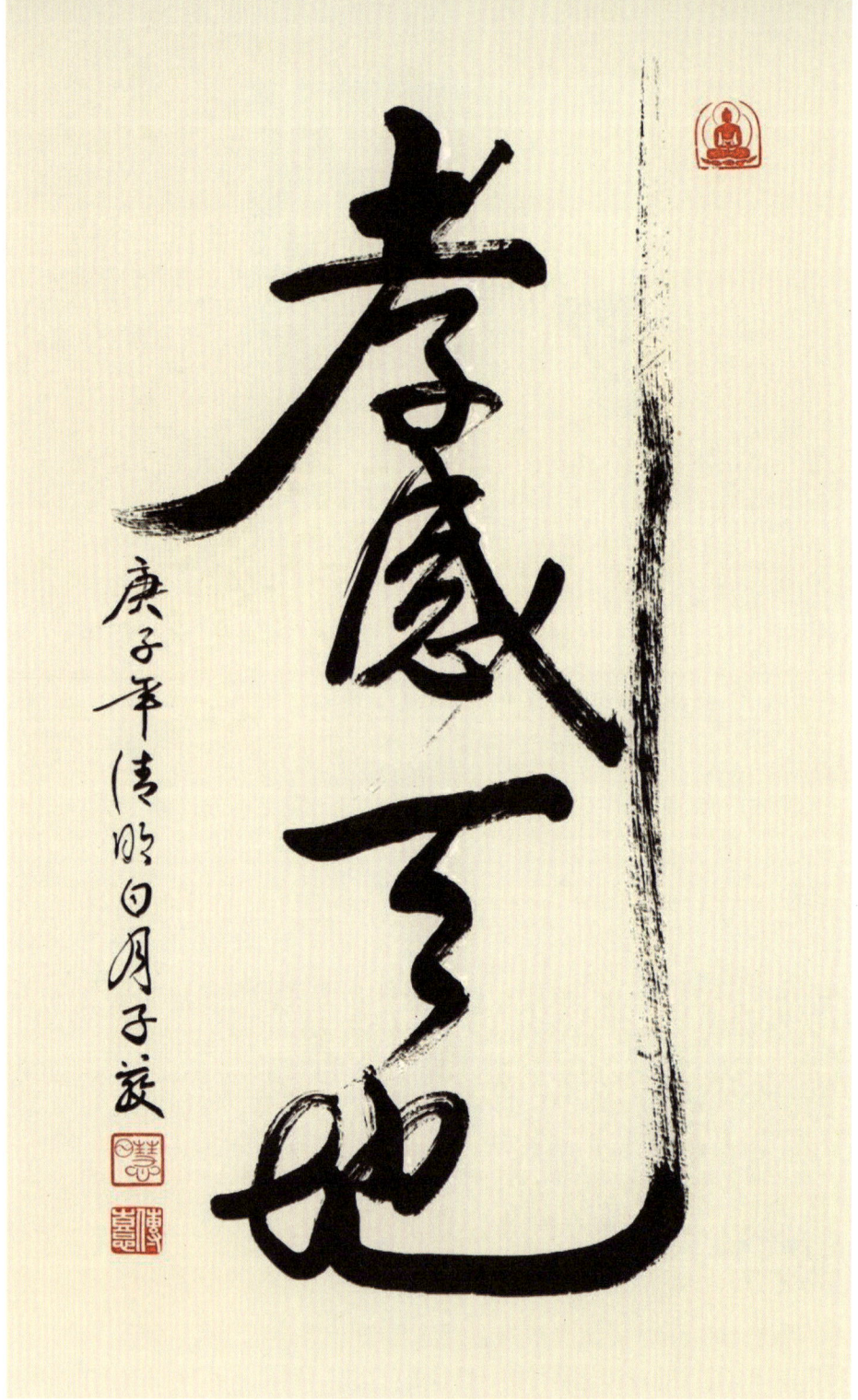

传喜法师　以孝治家孝行大使

# 以孝治家孝行大使
## 季工道长

　　季工道长，广西道教协会副会长，广西桂林道教协会会长，桂林药王庙住持。生于道教世家，从小受父亲的影响学习道教文化。毕业于西南科技大学，后在中央民族大学宗教研修班深造。

　　季工道长在继承传统道教之外，又对其进行了新时代的创新性发展。为实现人们对美好生活的愿望，季工道长在道教教理和教规仪式等方面，用人们听得懂的语言、看得懂的形式、学得到的方法，让新时代的大众深深感受到中国本土道教文化的博大精深，明白道教重生轻死，进而注重养生健康，为促进生命科学以及人类文明作出积极贡献。

　　季工道长精修真忠至孝之道，传颂中华优秀的家风家教，传承家道。积极推动以孝治家，以孝治国，以孝治天下。言传身教，秉持成就他人方能成就自己的信念，为大众树立正确的人生观、价值观而不懈努力，受到大众的尊敬和爱戴。

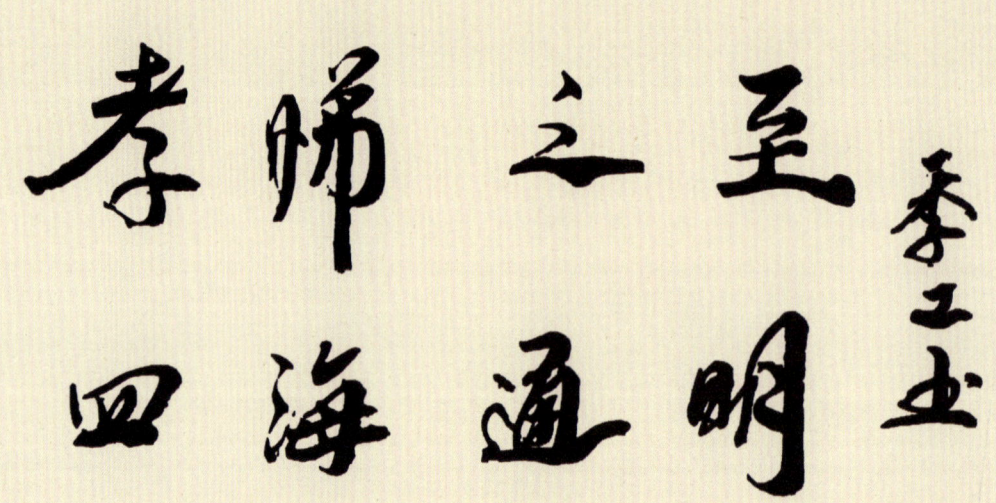

季工道长　广西道教协会副会长，广西桂林道教协会会长

# 以孝治家

## 家风家教宝典

泓日 编著

世界知识出版社

图书在版编目（CIP）数据

以孝治家 家风家教宝典 / 泓日编著. — 北京：世界知识出版社，2023.11

ISBN 978-7-5012-6625-8

Ⅰ．①以… Ⅱ．①泓… Ⅲ．①家庭道德－中国－青少年读物 Ⅳ．① B823.1-49

中国国家版本馆CIP数据核字（2023）第005303号

以孝治家 家风家教宝典

Yixiaozhijia Jiafeng Jiajiao Baodian

| | | | | |
|---|---|---|---|---|
| 作　　者 | 泓　日 | 插　　图 | 草莓兔 |
| 责任编辑 | 薛　乾 | 特邀编辑 | 杨　娟 |
| 责任出版 | 李　斌 | | |
| 装帧设计 | 周周设计局 | 内文制作 | 宁春江 |
| 出版发行 | 世界知识出版社 | | |
| 地　　址 | 北京市东城区干面胡同51号（100010） | | |
| 网　　址 | www.ishizhi.cn | | |
| 联系电话 | 010-65265919 | | |
| 经　　销 | 新华书店 | | |
| 印　　刷 | 廊坊市海涛印刷有限公司 | | |
| 开本印张 | 710×1000 毫米　1/16　16.5 印张　10 插页 | | |
| 字　　数 | 172 千字 | | |
| 版次印次 | 2023年11月第一版　2023年11月第一次印刷 | | |
| 标准书号 | ISBN 978-7-5012-6625-8 | | |
| 定　　价 | 30.00 元 | | |

（凡印刷、装订错误可随时向出版社调换。联系电话：010-65265919）

# 目 录

自然亲爱的精神……………………（楼宇烈）1

自序 以孝治家 遍地开花…………（泓 日）4

习近平的家教课……………………………6

一百个以孝治家故事………………………11

一百条以孝治家家训………………………179

一百则以孝治家警句………………………215

一百句以孝治家谚语………………………241

一百首以孝治家歌曲（名录）……………247

师生如父子，书院如家庭………（楼宇烈）252

以孝治家 幸福万家…………………（泓 日）257

# 自然亲爱的精神

## 楼宇烈

家是最小国，国是千万家。家国情怀是一个人对自己国家和人民表现出来的赤子之深情，是对国家富强、人民幸福而孜孜以求的梦想，是千百年来一直扎根在中国人内心深处的精神元素。

2013年12月26日，以孝治家领导小组在全国发起了自下而上的以孝治家行动。"以孝治家"，也可以说是"以孝齐家"。通过孝，我们才能家庭和睦，达到家和万事兴的效果。

但是要齐家，要齐好，必须修身。修身，就是我们每个人从自身做起。中国文化，从某个意义上来说是修身的文化。所谓修身，就是完善自己，不断地完善自己。中国文化强调修身养性，让人人都能自觉、自律。

孝是这个文化的基础。孝是建立在什么基础之上的呢？三国时期有一位年轻的哲学家叫王弼，他给孝下了一个非常深刻的定义：自然亲爱为孝。孝完全是发自内在的自然关系的行为。

中国人的文化是从天地万物学习做人的道理。看到乌鸦反哺，我们会教育我们的子女，要像乌鸦那样懂得反哺，反哺就是孝的行为。小乌鸦刚生出，老乌鸦到处觅食，喂养小乌鸦。等老乌鸦年纪大了，飞不动了，小乌鸦到处觅食，反哺给老乌鸦。这就是一种孝的表现，一种不忘本、感恩的思想和精神。

孝就是父慈子孝。作为父母，生而要养，养而要教，"养不教，父之过"。作为子女，应该懂得生而有养、死而有哀、死后

有敬，这才是孝道的体现。

所以，我们把孝看作是做人的基础，百行孝为先！懂得了孝，才懂得尊敬长辈，这是我们自我完善的第一步。

在父母和子女之间，孝慈的关系可以说是最亲密的内在关系的体现。有人可能认为，这是最私的感情。其实，在这个最私的感情里，包含着最无私的精神。没有哪个父母不是无私地为子女奉献；也没有哪个子女不是无私地为父母奉献。所以，父母子女之间，看上去是最私的关系，里边却包含着最无私的精神。

中国人以孝为本，以孝为百善的根本，就是希望通过孝道的教育，让我们把内心最无私的精神奉献出来。只有这样，我们才能尽到做人的本分。有时候我们会认为，什么事情只有社会化，才能做到社会的进步。其实，社会化是人世间的契约关系，而孝是内在的自然关系。这种情感方面的力量是无可比拟的。

所以，我曾经讲过怎样继承传统文化，不是说把养老、育幼都变成社会化的事业，而是更好地发掘我们内心的这种情感。

人民网访问我时，我曾经说过一个想法：在我们中国就应该提倡，有父母在的子女，就不能让他们成为留守儿童；有子女在的父母，就不应该让他们成为空巢老人。这才是中国文化的优秀传统，幼有所教，老有所养。我们充分调动人内在的自然亲爱的精神。

有了这样一种修身的基础，才能把孝推行到千家万户，让每一家都通过孝道来构建和谐的家庭。家和万事兴，这个万事兴不是一个小家的万事兴，而是我们大家，一个国家的万事兴。

这一切都要从修身做起。修身齐家，才能治国平天下。这是传统经典《大学》里八条目讲的。修身是基础。《大学》讲完这些，特别强调一条："自天子以至于庶人，壹是皆以修身为本。"从最高的领导人到最普通的老百姓，都要把修身看作是最根本的做人的出发点。只有把身修好了，完善了人格，才能把家齐好，才能使国家平安，才能使天下和谐。

我们要继承的就是这样一个文化传统。只有这样，我们中国人才能重回自信。

百善孝为先。孝是做人的根本，是道德的根基。天下以国为本，国以家为本，家以人为本，人以德为本，德以孝为本；孝立则德立，德立则人立，人立则国立。如果我们每个人都能从孝道开始做起，做儿女的是好儿女，做夫妻的是好夫妻，做父母的是好父母，做领导的是好领导，做百姓的是好百姓。当我们每个人都努力地把孝道做好了，夫妻和谐了，家庭和谐了，邻里和谐了，社会和谐了，国家也就和谐了！

让我们携起手来，为了中华民族的伟大复兴，贡献我们的力量！

# 自序  以孝治家 遍地开花

## 泓 日

"三岁看大，七岁看老"，这是老祖宗留下来的名言警句。这句话不是说给孩子听的，而是警示父母的。"养不教，父之过"，孩子是父母的缩影，父母是孩子的第一任老师。从孩子出生的第一天起，父母的一言一行便成了孩子学习的榜样，家庭教育便成了孩子人生的第一课堂。

做人是一辈子的事。不能教人做人的教育，再成功也是失败的教育。不能让人懂得感恩的教育，再努力也无益于家庭和社会。教育的根本不在学校，更不在社会，而在于家庭。正如习总书记强调的：广大家庭都需要重言传、重身教，帮助孩子扣好人生第一粒扣子，迈好人生第一个台阶。

而每个孩子人生必须扣好的第一粒扣子、迈好的第一个台阶在家庭，人生的第一堂课在孝。"十年树木，百年树人"，"五个一百工程"是家教家风的治家工程，是中华民族的铸魂工程，是14亿人民的文化自信！

中华民族在五千多年生生不息的发展中，创造了灿烂的中华文明和伟大的民族精神。中华文明积千年之精华，博大精深，根深蒂固；中华民族历经磨难而信念愈坚，饱尝艰辛而斗志更强，她如同我们的母亲河黄河、长江那样，冲破重重障碍，勇往直前，激励着一代又一代中华儿女顽强拼搏，铸就强大的民族凝聚力和感召力。

"五个一百工程"立足于中国4亿多家庭，以老祖宗留下来的精神财富——仁义礼智信作为准则，通过故事、家训、警句、谚语、歌曲等多元化载体，汇集编写了古今中外一百个以孝治家的故事、一百条以孝治家的家训、一百则以孝治家的警句、一百句以孝治家的谚语、一百首以孝治家的歌曲（名录），以期将散落在中华民族历史文化长河中的孝文化，汇聚成一泓"以孝治家"的清泉，成为实现中华民族伟大复兴的源头活水，以滋养中华民族的灵魂、康养中华民族的文化自信，践行社会主义核心价值观。

　　相信在"五个一百工程"的滋养下，我们每个人都从我做起，从家做起，从身边做起；希望每个人都成为一颗火种，点亮每个家庭的明灯，照亮祖国每个角落。那么，你一定会在"以孝治家"的大家庭里，遇到你最喜欢的人，去做最值得你用生命去做的事，你最终会成为最有力量，也是最可爱的人！

好好学习 天天向上

——毛泽东

# 习近平的家教课

在第一届全国文明家庭表彰大会上,习近平总书记动员社会各界广泛参与家庭文明建设,推动形成爱国爱家、相亲相爱、向上向善、共建共享的社会主义家庭文明新风尚。以下记录了习近平总书记的家教课:

千千万万个家庭的家风好,子女教育得好,社会风气好才有基础。

家风是一个家庭精神面貌的潜在气质,也是家庭兴衰的隐性因子。良好家风是什么?它是岳母刺字所表现出来的"精忠报国"之心,是孟母三迁中表现出的求知、向上精神,也是颜之推著述《颜氏家训》时所强调的"去奢""行俭""不吝"。

中华民族历来重视家庭,正所谓"天下之本在家"。尊老爱幼、妻贤夫安、母慈子孝、兄友弟恭、耕读传家、勤俭持家、知书达礼、遵纪守法、家和万事兴等中华民族传统家庭美德,铭记在中国人的心灵中,融入中国人的血脉中,是支撑中华民族生生不息、薪火相传的重要精神力量,是家庭文明建设的宝贵精神财富。

我们要重视家庭建设,注重家庭、注重家教、注重家风,紧密结合培育和弘扬社会主义核心价值观,发扬光大中华民族传统家庭美德,促进家庭和睦,促进亲人相亲相爱,促进下一代健康成长,促进老年人老有所养,使千千万万个家庭成为国家发展、民族进步、社会和谐的重要基点。

家庭教育涉及很多方面,但最重要的是品德教育,是如何做

人的教育，也就是古人说的"爱子，教之以义方""爱之不以道，适所以害之也"。青少年是家庭的未来和希望，更是国家的未来和希望。古人都知道，养不教，父之过。

广大家庭都要重言传、重身教，教知识、育品德，身体力行，耳濡目染，帮助孩子扣好人生的第一粒扣子，迈好人生的第一个台阶。

无论时代如何变化，无论经济如何发展，对一个社会来说，家庭的生活依托都不可替代，家庭的社会功能都不可替代，家庭的文明作用都不可替代。无论过去、现在还是将来，绝大多数人都生活在家庭之中。我们要重视家庭文明建设，努力使千千万万个家庭成为国家发展、民族进步、社会和谐的重要基点，成为人们梦想启航的地方。

**三点希望：**

第一，希望大家注重家庭。

家庭是社会的细胞。家庭和睦则社会安定，家庭幸福则社会祥和，家庭文明则社会文明。

只有实现中华民族伟大复兴的中国梦，家庭梦才能梦想成真。中国人历来讲求精忠报国，革命战争年代母亲教儿打东洋、妻子送郎上战场，社会主义建设时期先大家后小家、为大家舍小家，都体现着向上的家庭追求，体现着高尚的家国情怀。

广大家庭都要把爱家和爱国统一起来，把实现家庭梦融入民族梦之中，心往一处想，劲往一处使，用我们4亿多家庭、14亿多人民的智慧和热情汇聚起实现"两个一百年"奋斗目标，实现中华民族伟大复兴中国梦的磅礴力量。

第二，希望大家注重家教。

家庭是人生的第一个课堂，父母是孩子的第一任老师。孩子们从牙牙学语起就开始接受家教，有什么样的家教，就有什么样的人。

家长应该担负起教育后代的责任。家长特别是父母对子女的影响很大，往往可以影响一个人的一生。中国古代流传下来的孟母三迁、岳母刺字、画荻教子讲的就是这样的故事。我从小就看我妈妈给我买的小人书《岳飞传》，有十几本，其中一本就是讲"岳母刺字"，精忠报国在我脑海中留下的印象很深。作为父母和家长，应该把美好的道德观念从小就传递给孩子，引导他们有做人的气节和骨气，帮助他们形成美好心灵，促使他们健康成长，长大后成为对国家和人民有用的人。

第三，希望大家注重家风。

家风是社会风气的重要组成部分。家庭不只是人们身体的住处，更是人们心灵的归宿。

诸葛亮诫子格言、颜氏家训、朱子家训等，都是在倡导一种家风。毛泽东、周恩来、朱德等老一辈革命家都高度重视家风。我看了很多革命烈士留给子女的遗言，谆谆嘱托，殷殷希望，十分感人。

今天受到表彰的家庭，要珍惜荣誉，再接再厉，带动全国千千万万个家庭行动起来，共同为促进家庭和睦、亲人相爱、下一代健康成长、老年人老有所养而努力，共同为提高全社会文明程度而努力。

家风孝道作为中华民族的传统美德，习近平总书记不仅重视言传，更重视身教。习近平总书记身体力行，把对父母深深的爱都融入生活点点滴滴的细节里。

**一张照片、一封拜寿信的故事：**

在习近平总书记的书架上，摆着这样一张照片，记录下了他陪伴母亲散步的温馨时刻。他拉着母亲齐心的手，在公园散步，流露出对母亲的爱心和孝心。习近平总书记日理万机，但仍然会抽出时间用心陪伴母亲，他对父母身体力行的孝心值得我们学习。

2001年10月15日，家人为习仲勋在深圳举办88岁寿宴，这也是习家人难得的一次大团聚，唯独缺席时任福建省省长的习近平。作为一省之长，他实在是公务繁忙，难以脱身，于是抱愧向父亲写了一封拜寿信。在信中，习近平这样说："爸爸平生一贯崇尚节俭，有时几近苛刻。家教的严格是众所周知的。我们从小就是在您的这种教育下，养成勤俭持家习惯的。这样的好家风我辈将世代相传。"

**一个针线包的故事：**

习近平总书记到陕北农村插队的时候，还是一个初中生。作为母亲，面对即将远离的儿子，内心是不舍与惦念的，也为了排解习近平思念父母之苦，临行前，母亲为习近平缝制了一个针线包，上面绣着"娘的心"三个红色的字。母亲把这种对孩子最深沉、最无私的爱编织在了一针一线中，融在了细细密密的针头线尾中。7年的知青岁月，"娘的心"伴随着习近平，给他无穷的力量，让他渡过了一道又一道难关。同样，习近平满怀对母亲的爱与感恩，一直将这个"娘的心"针线包保留至今。这份母子之间

深沉的情感连接,一直滋养着习近平的内心,使他在日后的工作中,对老百姓动真情、办实事。这成为他人生的信条,深深地融入他的血液中,也是他人生道路上不断走向辉煌的力量源泉。

**勤俭节约家风的养成:**

据习近平母亲齐心在回忆录《我与习仲勋风雨相伴的55年》中介绍,在习近平幼时,时任副总理兼国务院秘书长职务的习仲勋尽管工作繁忙,仍重视子女教育。家里没有请保姆,"他宁愿在业余时间多照管孩子们一些,有时还要给四个孩子洗澡、洗衣服。对此,他视之为天伦之乐"。"也许是仲勋特爱孩子的缘故,所以他特别重视从严教子。我们的两个儿子从小就穿姐姐穿剩下的衣服或者是花红布鞋,就是在仲勋的影响下,勤俭节约成了我们的家风。"习近平曾经为穿他姐姐的旧鞋子而受到同学们的嘲笑,父亲就让他把花鞋染黑了穿。父母都是老党员、老干部,对习近平的要求也一直相当严格,在习近平走上领导岗位后,齐心不仅经常写信嘱咐习近平从严要求自己,而且还专门召集家庭会议,要求其他子女,不得在习近平工作的领域从事经商活动。习近平铭记母亲告诫,不仅始终做到严于律己,而且秉承家风,对家人要求同样也非常严格,无论是在福建、浙江还是在上海工作,都公开明确表态,不允许任何人打他的旗号谋私利。立党为公、廉洁奉公,始终贯穿在习近平治国理政的理念和实践中。家是最小国,国是千万家。"为人民服务,就是对父母最大的孝!"

# 一百个以孝治家故事

善良是做人的基础，人们都喜欢和善良的人交往。

# 1. 舜帝孝感动天

舜（shùn）帝姓姚，名重华，号有虞氏，史称虞舜，中华民族人文始祖，中国上古"五帝"之一。舜帝最重要的历史性贡献是创立了以孝为核心的道德文化。他的一生，始终坚持诚以修身，孝以持家，德以治国，和以平天下，为整个中华民族所敬仰。

舜的家世甚为寒微，虽是颛顼（zhuān xū）的后裔，但五世为庶人，处于社会下层。舜的遭遇更为不幸，从小饱受虐待，在逆境中长大。舜的生母早死，父亲瞽叟（gǔ sǒu）续娶，后母生弟名象。父亲愚昧，后母刁顽，弟弟桀骜（jié ào）不驯。后母对象百般娇纵，对舜则怎么看都不顺眼，重活儿脏活儿都要舜去做，还常常无事生非，后来竟发展到要害死舜的地步。

有一次，后母叫舜和象去种黄豆，舜种北坡，象种南坡。她眨眨小眼睛，说："你们俩谁种的黄豆长得好，我就给他缝丝绸袄。谁种的要是不发芽，就罚他跪三天三夜。"后母给象的豆子粒粒饱满，给舜的却是炒熟的黄豆。走在路上，象闻到舜怀里的豆种发出一阵阵的香味，再闻一下自己的，却半点香味也没有，于是不高兴了。象对舜说："哥，妈给你的黄豆那样好闻，我的没有一点香味，我们换一下吧！"舜很爱弟弟，愿意跟他换。但是他想，母亲给弟弟的豆种难道是不好的吗？我的若不如弟弟的好，跟弟弟换了，那不是坑了弟弟？他这一犹豫，象就生气了，一把抢过舜的豆种。

过了一个月，后母把舜和象叫来，说："带我去看看你们种的

豆子。"来到地里一看,舜种的豆子已经长得枝叶茂盛,绿油油的,而象种豆的地里长满野草,一棵豆苗也没有。象怕罚跪,急得哭了起来。舜疼爱弟弟,对后母说:"弟弟年纪小不会种豆,母亲要罚就罚我吧!"后母哼了一声,拉着象,转身走了。

不管后母怎样刻薄虐待,舜总不放弃做儿子的职责,对父母尽孝道,对弟弟尽悌道,自己有小过失就主动接受惩罚,以至于后母想害死他,都找不到他的错处。二十岁时,舜就因孝顺父母而远近闻名。

尧帝遍访贤能的人帮他治理天下,臣下推荐说,民间有个叫舜的人,虽然地位低,但很有贤名。尧说,我也听说过,不知实

际情况怎样，还是先考察一下吧。尧把两个女儿娥皇、女英下嫁给舜做妻室，观察舜在家中的表现；派九个儿子和舜一起劳动，观察舜在外面的表现。

过了三年，两个女儿向尧禀报："舜以孝悌之道和不讲理的父母、弟弟相处得很和睦，还告诫我们放下架子，善待公婆，遵守做媳妇的礼节。"九个儿子也对尧说："舜十分能干，对农活儿很在行，会木工手艺，制作的陶器没有一个破损的；去河里捕鱼，将好的渔场让给别人，将改进的方法传授给大家，将捕到的鱼送给体弱的人；去历山开荒，大象替他耕地，鸟儿代他除草啄虫，他把沃土让给新来的人，并教他们种植的方法。老百姓都特别尊重舜，邻里纠纷请他排解，乡间大事请他定夺，婚丧喜庆请他主持，舜成了大家心目中的领袖。舜住的地方，一年成了村庄，两年成了集镇，三年就成了城市。"尧听了很高兴，便将细葛布做的衣服赐给舜，派人给他修筑了仓库，奖给他牛羊和琴。

当舜登天子之位，去看望父母依然恭恭敬敬，并封弟弟象为诸侯。舜的孝心孝行最终感化了父母，还有弟弟，一家人和睦相处。

**【智慧小语】**《孟子》云："舜何人也？予何人也？有为者，亦若是！"舜能做到孝顺，我们也能。因为人的天性都有一颗至善、至敬、至仁、至慈的爱心。假如能以舜为榜样，真正尽到孝亲顺亲的本分，必能缔造幸福美满的家庭。继而，再将孝扩大到周遭所有的人、事、物，冲突对立都会冰释消融。这至孝的大爱孕育出的是互敬互爱、和睦共处的社会。

## 2. 泰伯采药

商朝末年，有个孝悌两全的人，姓姬名泰伯，是诸侯周太王的长子。他有两个弟弟，大弟叫仲雍，二弟叫季历。季历的儿子姬昌，出生时有一只赤色的鸟衔了丹书，停在门户上，昭示圣人出世。

周太王看到瑞象，再看这个小孙子确有不凡之才，有意将王位传给季历，再由季历传给姬昌。泰伯知道父亲的意思，就和大弟仲雍商量，该如何顺从父意。这时，刚好周太王生病了，泰伯就跟仲雍约定以采药为名离开，到了南方的荆蛮之地。一是逃避父王追查；二是表示自己愿把王位让给季历。父亲去世，两个兄

长都没有回来奔丧，季历顺理成章继承王位。

当时，有许多人到荆蛮寻找泰伯，泰伯为了不被认出来，披发文身，躲避世人。季历也仁慈厚道，两个哥哥如此礼让，他不负众望，把国家治理得非常好，最后把王位传给姬昌，这就是历史上闻名的周文王。

"泰伯三以天下让"，成全了父母的心愿，成全了周朝八百年的基业，成全了整个社会的风气。孔子赞叹泰伯，说他已经到了至德的地步。

【智慧小语】泰伯之所以伟大，在于他对父母的孝顺，对兄弟的友爱。为了不让父亲为难，他找借口离开家里。而对兄弟的礼让，让他赢得了世人的尊重。

## 3．颖考叔纯孝感君

颖（yǐng）考叔，春秋战国桐丘城（今河南省扶沟县城）南颖村人，做过郑国大夫。为人正直，孝敬父母，亲爱兄弟，有"千古第一孝"的美誉。

有一年，郑国国君郑庄公遗弃了亲生母亲，将她放逐到远离都城的颖地，并发誓："不及黄泉，无相见也。"郑庄公作出这样的决定，事出有因。母亲姜氏喜欢小儿子共叔段，因他相貌堂堂，武艺高强，一心想让他继任国君，而庄公为大，不得变更。为达到目的，姜氏与共叔段暗聚兵力，攻打都城，不料阴谋败露，共叔段兵败鄢（yān）陵自杀。

颖考叔知道了此事，叹道："母亲固然不像母亲，但儿子不能不像儿子呀！作为一国国君，如此对待生母，太伤风化了。"于是，带了几只鸟以进献野味之名来见庄公。颖考叔对庄公说："这

是鸱鸮（chī xiāo），幼时有母亲喂养，长大却啄食母鸟，我恨它不孝，所以把它捉来，请主公品尝。"庄公会意，不该逼杀弟弟又抛弃母亲，罪过呀！

仆人送上一头蒸熟的羊，庄公命人割下一只羊腿赐给颍考叔，但颍考叔并不吃，而是撕下一块包好，揣在怀里。庄公问："为何不用？"颍考叔说："主公不知，我家贫寒，老母靠我打鸟奉养，未曾尝过这么肥美的羊肉。主公赏我，我不能独自享用，想带回去敬奉老母。"庄公听了，叹息道："先生真乃孝子也！我愧当一国之君，孝心竟不如你呀。"

颍考叔故作不知，问叹息何来，庄公就从头到尾说了一遍。当庄公说，他已对天发过誓，不到地下黄泉不与母亲见面。颍考叔说，他倒有一个办法，既不违誓言，又能母子见面。庄公躬身求教，颍考叔说："这有何难？掘地见水，我在颍地挖一地道不就可以了吗？"

几天后，颍考叔找来一些人，在县北雕陵岗挖一地道。母子相见，抱头大哭。随后，庄公将母亲接进宫中，恩养永年。

**【智慧小语】**颍考叔是位真正的孝子，他不仅孝顺自己的母亲，而且把这种孝心推己及人，使郑庄公不念旧怨，重拾亲恩。《诗经·大雅·既醉》说："孝子不断地推行孝道，永远能感化同类。"大概就是对颍考叔这类纯孝的心行而说的吧。

## 4. 鹿乳奉亲

郯（tán）子，春秋郯国（今山东郯城）国君。幼年好学，聪慧仁德，孝敬父母。父母患眼疾，人说鹿乳可以治愈，郯子便四处寻求，但未能得到。

郯子见父母受眼疾折磨，心急如焚，便裹着鹿皮，假扮小

鹿，混入野外鹿群觅取鹿乳。鹿生性机警，胆小怕人，又善于奔跑，郯子连去几日，终未如愿。

一日，裹着鹿皮的郯子在野外与猎人相遇。猎人张弓要射，郯子急忙站起来，将实情相告。他的孝行感动了猎人，猎人以家中驯养的母鹿之乳相赠。郯子得到鹿乳，赶回家中为父母治疗眼疾。

【智慧小语】《弟子规》说："父母命，行勿懒。"父母有命令，要赶快行动，不应该拖拉，这是孝敬父母的举动。从小若有这样的理念，一旦父母生病，因感恩也会去孝养。

## 5. 管鲍之交

春秋时期,齐国有两位名士,一位叫鲍(bào)叔牙,一位叫管仲。年轻时两人合伙做生意,分利的时候,管仲每次都比鲍叔牙拿得多。鲍叔牙的伙计们都有怨言,鲍叔牙却说:"管仲并非要贪这点小钱,是因为家里太贫穷,我故意让着他的。"

打仗的时候,鲍叔牙每次都往前冲,管仲则尾随在队伍的后面,班师的时候,他又跑在队伍的前面。很多人都笑话管仲胆子太小,鲍叔牙却说:"你们误会管仲了,他不是怕死,是因为家里有老母亲需要他去照顾。"管仲听了,说:"生我者父母,知我者鲍叔牙也。"

【智慧小语】真正的朋友不把友谊挂在口上,不是互相要求点什么,而是彼此为对方默默奉献。

# 6. 子罕友邻

　　士尹池为楚国出使宋国（今河南商丘一带），宋国的司城子罕在家里宴请他。子罕家南边邻居的墙向前凸出却不拆了取直，西边邻居家的积水流过子罕家的院子却不加以制止，士尹池询问这是为什么。子罕说："南边邻居是做鞋的工匠，我让他搬家，他父亲说：'我家做鞋已经三代，如果搬家，那些买鞋的就不知道我的住处了，我也将不能谋生。希望相国您怜悯我。'因为这个缘故，我没有让他搬家。西边邻居家院子地势高，我家院子地势低，积水流过我家院子很便利，所以就没有制止。"

　　士尹池回到楚国，楚王正要发兵攻打宋国。士尹池劝谏道："不可攻打宋国。其君主贤明，其相国仁慈。贤明就能得民心，仁慈就能让人出力。楚国去攻打宋国，大概不会成功，还要为天下所耻笑。"楚国遂放弃攻打宋国，转而去攻打郑国。

　　孔子听到这件事，说："夫修之于庙堂之上，而折冲乎千里之外者，其司城子罕之谓乎！"在朝廷修养自己的品德，却能战胜敌人于千里之外，这大概说的就是司城子罕吧！

【智慧小语】其实，美德横溢、有折冲千里之威的人才，不只在捍卫祖国、遏止战争方面发挥作用，在任何地方、任何战线都是能生奇效的。因为有这样的人存在，对于任何敌人都是极大的震慑，足以让他们望而却步。

## 7．子罕以不贪为宝

春秋时期，宋国有个叫子罕的官员，品德高尚，为政清廉，在百姓当中很有威望。

有一次，一个宋国人怀藏宝玉，兴冲冲地找到子罕："小人专程来给大人献宝，请大人收下。"子罕接过宝玉看了看，说："你还是拿走吧，我不能收。"献宝人以为子罕不识货，子罕却笑着说："我以不贪为宝，你以玉为宝，假如你将玉给了我，我们两人岂不都失去了宝？"献宝人听了，十分震撼和惭愧。

【智慧小语】人人都不应该夺人所爱，随随便便拿别人的东西。扪心自问，这样的东西我们该拿吗？子罕以廉洁为宝，教育我们做人要本分，要清廉，钱财是身外之物，不要贪图。

# 8. 季札挂剑

季札（zhá），春秋时期吴国国君的小儿子，博学多才，品行高尚。一次，遵照旨意出使各诸侯国。途中经过徐国，受到徐国国君的热情款待。两人意气相投，谈古论今，酒喝到兴处，季札起身抽出佩剑，一边唱歌一边舞剑。徐国国君禁不住连声称赞："好剑！好剑！"

季札看得出徐国国君非常喜欢这把宝剑，便想将它送给徐国国君作纪念。可是，这剑是他作为吴国使节的信物，于是在心里许下诺言："等我出使列国归来，一定要将这把宝剑送给徐国国君。"

几个月后，季札完成使命，踏上归途。一到徐国，他直接去找徐国国君。然而，徐国国君不久前暴病身亡。季札怀着沉痛的心情来到徐国国君的墓前，三行大礼之后，就把自己的宝剑挂到树上。跟在一旁的随从不解，问道："大人，徐国国君已经去世了，您把剑送给他，他也看不到，这么做有什么用呢？"

季札说："在离开徐国之前，我已经决定要将这把剑送给徐君。从那时起，这把剑已经不属于我。这段时间，我只不过是借用，现在把剑还给徐君。"

【智慧小语】季札挂剑，体现了古人雍容、高贵、高雅、从容的精神气质。坚守信，慎始慎终，不以外界的改变而改变初衷，因而备受尊敬。

# 9. 孙叔敖杀蛇

孙叔敖（áo）小时候到外面游玩，看见一条长有两个头的蛇，就杀了蛇并把它埋了，然后哭着回家。

母亲问他哭的原因，孙叔敖回答："我听说见了两头蛇的人一定会死，刚才我见到了它，害怕离开母亲死去。"母亲说："蛇在哪里？"孙叔敖回答："我害怕别人又见到这条蛇，已经把它杀了并埋了。"母亲说："我听说暗中做好事的人，上天会给他福气的，你不会死的。"

等孙叔敖大了，做到了楚国的宰相。还没开始治国，国人就已经相信他是一个仁义的人。

【智慧小语】善良是做人的基础，人们都喜欢和善良的人交往。善良会使你的内心多一分宁静，多一分安宁。

# 10. 孔子学琴

孔子向师襄（xiāng）子学习弹琴。学了一段时间，师襄子说："虽然我是以击磬做的乐官，但还是擅长弹琴。如今，你已学会这首琴曲，可以进一步学点别的了。"孔子并不急于学其他的，回答说："我还没有学到弹奏的技巧啊。"

孔子用心练习一段时间，很快学会了技巧。师襄子又说："你已经学会技巧了，可以学点别的了。"孔子回答说："可我还没有了解曲子表达的意趣啊。"

孔子继续专心练习一段时间，了解了曲子的意趣。师襄子又说："你了解了它的意趣，可以进一步再学点别的了。"但孔子依然想继续深入，回答说："我还不晓得它是歌颂谁的啊。"

孔子专心致志，每天弹奏，用心去体会。过了一段时间，有

所领悟。他站在高处,向着远方眺望说:"我已经知道它是歌颂谁的了,他长得有点黑,身形修长,有着广阔的胸襟,他眼光辽阔,囊括四方。若不是周文王,谁能如此啊!"师襄子听了,十分惊讶,立刻离开座席来到夫子面前,两手交叉于胸前表示敬意,说:"君子真是无所不通的圣人啊,此曲的名字正是《文王操》。"

**【智慧小语】**孔子学琴,锲而不舍,学习一首琴曲,不单会弹,还要入到更深的层次。纵然师襄子说可以了,要进一步教孔子别的,但对孔子而言,还不算真正学会。孔子不断深入,从会弹到掌握技巧,又进一步了解曲子的意趣,再到领会曲子所描述的人物。学习,的确需要用心专一。如此,才能有更深的体会、更大的收获,也体会到学习的乐趣。倘若停留在表面,或深入得不彻底,便难于领悟其中更深的道理。而学习也不是为别人学,是为我们自己学,为更好掌握知识,提升能力,服务社会而学。因此,真正有志于学习的人,会用心投入,不会轻易带过或半途而废。

# 11. 孔子教子

孔子有个学生叫陈亢（字子禽），他看到孔鲤各方面都很优秀，怀疑老师偏心，对自己的孩子重点培养了。

陈亢问孔鲤："您听到什么特别的知识传授了吗？"孔鲤回答："没有听到过。有一次，父亲独自站立在庭院中，我小步快走经过老人家身边，父亲问我：'学习诗了吗？'我回答说：'没

有学习诗。'父亲说:'不学习诗,便不会说话。'于是,我回去学诗。有一天,父亲又独自站立在庭院中,我经过那里,父亲问我:'学习礼没有?'我回答说:'没有学习礼。'父亲说:'不学习礼,就没有办法在社会上立足。'于是,我回去学礼。我听到的就这两样。"

陈亢非常高兴,说:"我问一个问题,却得到了三个收获。一是学习诗的意义,二是学习礼的意义,三是君子对待儿子也应该保持一定距离。"

【智慧小语】孔子教育儿子是从读书识礼开始的。在孔子看来,礼是处理人与人之间关系的规范,"不学礼,无以立"。离开礼,人就无法在社会上立住脚。可见,孔子教育儿子的方法是"诗礼传家"。在今天,这个方法仍值得借鉴,即教育子女必须把道德品质放在首位。人的品德是后天教育的结果。父母是子女道德遵循的引路人,只有抓住根本,采用正确的教育方法,孩子将来才有可能成为一个德才兼备、对社会有用的人。

## 12. 三人行，必有我师

大教育家孔子是个善于学习的人，他勤于思考，不耻下问。有一次，孔子和学生们正在赶路，忽然一个小孩子拦住了他们的去路。

原来，这个小孩子正在用砖瓦石块垒一座城池。孔子叫小孩让路，小孩却说："是车绕城而过呢，还是把城池拆了给车让路呢？"孔子想："确实不能把这孩子摆的城池当成游戏。我把它当成游戏，可孩子不这样想啊。我倡导礼仪，没想到让孩子给问住了。"孔子十分感慨地对学生说："三人行，必有我师！这孩子虽小，却懂礼仪，可以做我的老师了。"

【智慧小语】"三人行，必有我师焉，择其善者而从之，其不善者而改之"是孔子的名言，出自《论语》。要求人谦虚好学，努力学习别人的优点，完善自己，取人之长，补己之短。《弟子规》说："唯德学，唯才艺，不如人，当自砺。"意思是说：每一个人都应当重视自己的品德、学问和才能技艺的培养，如果感觉到有不如人的地方，应当自我惕厉、奋发图强。

# 13. 韦编三绝

孔子少年时勤奋好学，十七岁便因知识渊博而闻名鲁国。到了晚年，喜欢阅读《易》，但因其意义难懂，一遍看不懂，就再翻阅，反复学习，直至弄通为止。

春秋时的书，主要是以竹子为材料制作的。把竹子破成一根根竹签，称为竹简，用火烘干后在上面写字。竹简有一定的长度和宽度，一根竹简只能写一行字，多则几十个，少则几个。一部书要用许多竹简，这些竹简用牢固的绳子之类编连起来。像《易》这样的书，当然是由许许多多竹简编连起来的，因此有相当的重量。孔子花了很大精力，把《易》全部读了一遍，基本了解了它的内容。不久，又读第二遍，掌握了它的要点。接着，又读第三遍，对其精神实质有了透彻的理解。在这之后，为了深入研究这部书，又为了给弟子讲解，不知翻阅了多少遍。串连竹简的牛皮带子给磨断了几次，不得不多次换上新的。

最后，孔子把对《易》的研究心得写成十篇文章，取名《十翼》。后人将《十翼》附在《易》后面，作为《易》的补充。即使读到这样的地步，孔子还谦虚地说："假如让我多活几年，我就可以完全掌握《易》的文与质了。"

【智慧小语】孔子有一句名言："知之者不如好之者，好之者不如乐之者。"意思是说：（对于任何学问、知识、技艺等）知道它不如爱好它，爱好它不如以之为乐。正因为孔子能够这样勤奋读书、刻苦专心，才成为一代圣人。

# 14. 芦衣顺母

闵损,字子骞(qiān),春秋时期鲁国人,在孔门中以德行与颜渊并称。孔子曾赞叹他:"孝哉(zāi),闵子骞!"(《论语·先进》)

生母早死,父亲娶了后妻,又生了两个儿子。后母经常虐待闵子骞,冬天,两个弟弟穿着用棉花做的冬衣,他却穿着用芦花做的"棉衣"。

一天,父亲出门,闵子骞牵车时因寒冷打战,将绳子掉落地上,遭到父亲的斥责和鞭打。衣服破了,芦花飞了出来,父亲方知实情。父亲返回家,要休逐后妻。闵子骞跪求父亲饶恕后母:"留下母亲,只是我一个人受冷;休了母亲,三个孩子都要挨冻。正所谓'母在一子寒,母去三子单'。"父亲十分感动,就依了他。后母悔恨知错,从此待他如亲子。

【智慧小语】孝敬长辈是中华民族的传统美德,闵子骞对后母都能做到以孝为先,难能可贵。面对后母的虐待,闵子骞没有抱怨,更没有报复。相反,在父亲要休逐后母的时候,他首先想到了两个幼小的弟弟:"留下母亲只是我一个人受冷,休了母亲三个孩子都要挨冻。"因此,恳求父亲饶恕后母。这是一种宽广的胸怀、一种高尚的品德。人生在世,难免遇到对自己不好的人,记仇、报复都不是胸怀宽大的表现,我们要学习闵子骞以德报怨的高尚品格,赢得他人的敬重。

一百个以孝治家故事

# 15. 百里负米

仲由,字子路,春秋时期鲁国人,孔子的得意弟子,性格直率勇敢,十分孝顺。早年家中贫穷,常常采野菜给自己做饭食,却从百里之外负米回家侍奉双亲。父母去世后,他做了大官,奉命到楚国去,随从的车马有百乘之众,所积的粮食有万钟之多。坐在垒叠的锦褥上,吃着丰盛的筵席,他常常怀念双亲,慨叹说:"即使我想吃野菜,为父母去负米,哪里能再得呢?"孔子赞叹说:"子路侍奉父母,可以说是生时尽力,死后思念啊!"

【智慧小语】我们能孝养父母的时间是一日一日递减,如果不能及时行孝,把握与父母相聚的时光,等到父母不在了想要报答亲恩,为时已晚,追悔莫及。但愿父母健在的时候孝养及时,不要等到父母不在了,才思亲、痛亲之不在。

# 16. 懂礼的子路

子路学识渊博，并以懂礼貌著称。有一天，孔子走过庭院，要到门外去，恰好子路在庭院里读书，看到老师，立刻放下手中的书行礼。那时的礼是要鞠躬的，但孔子并没有看到他，只是看到了庭院里的樱花而停下脚步。子路就躬身站着，等到孔子看到他，身体已经酸麻得失去知觉。孔子称赞说："子路真是一个懂礼貌的好学生啊！"

【智慧小语】我们现在虽然不太能做到像子路一样恭敬有礼，但生活中有些细节也应该注意。比如：下班或放学回家，同父母坐一坐，给父母泡杯茶。父母感到心情愉快，也许这时就想沟通，话就可以慢慢流露出来。假如坐十分钟、二十分钟父母无话，我们要跟父母交代一下："如果没事，我回房间去了。"这叫"长无言，退恭立"。做晚辈的如果卑慢（内心空虚，没有本事，所以傲慢），对长者的话听不进去，更不会恭敬地向长者请教生活中遇到的问题，无形当中有可能给自己的德行造成很大损失。

# 17．浇瓜之惠

梁国和楚国交界，双方的兵营都种瓜。梁国士兵勤劳，经常浇灌，所以瓜长得很好；而楚国士兵懒惰，很少浇灌，所以瓜长得不好。

楚国县令因为梁国的瓜好，怒责士兵。士兵心里嫉恨，夜晚偷偷去毁坏梁国士兵种的瓜。梁国士兵请求县尉，想前去报复。县尉向县令宋就请示，宋就说："唉，这怎么行呢？仇怨是惹祸的根苗。人家使坏你也跟着使坏，这是心胸狭窄啊！我教给你一个办法，晚上派人过去，偷偷浇灌他们的瓜园，不要让他们知道。"

于是，梁国士兵每天夜间偷偷去浇灌楚兵的瓜园。楚兵早晨去瓜园巡视，发现浇过水了，瓜也一天比一天长得好。楚兵感到奇怪，就注意观察，这才知是梁国士兵干的。

楚国县令听说了这件事很高兴,详细报告给楚王。楚王听了,又忧愁又惭愧,拿出丰厚的礼物向宋就表示歉意,并请求与梁王结交。

【**智慧小语**】浇瓜之惠,比喻以德报怨,不因小事而起纷争。在我们的成长过程中,也常常遇到别人的抱怨和不满,但只要我们以德报怨、以德服人,就能解冤释结,立于不败之地。

# 18. 曾子杀猪

　　一个晴朗的早晨,曾子的妻子梳洗完毕,换上一身干净整洁的衣服,准备去集市买东西。出了家门没走多远,儿子就哭喊着从身后跑了上来,吵闹着要跟去。孩子不大,集市离家又远,带着他很不方便。因此,妈妈对儿子说:"你在家等着,我买了东西一会儿就回来。你不是爱吃猪肉吗?我回来杀了猪就给你做。"这话倒也灵验。儿子一听,立即安静下来,乖乖地望着妈妈远去。

　　妈妈从集市回来,还没跨进家门就听见院子里捉猪的声音。进门一看,原来是曾子正准备杀猪。她急忙上前拦住丈夫,说道:"家里只养了这几头猪,都是逢年过节才杀的。你怎么拿我哄孩子的话当真呢?"曾子说:"在小孩面前是不能撒谎的。孩子常

从父母那里学习知识，听取教诲，如果我们欺骗他，等于是教他去欺骗别人。再者，做母亲的一时哄得过孩子，事后他知道受了骗，就不会再相信母亲的话。这样一来，就很难再教育好孩子。"

【**智慧小语**】成人的言行对孩子影响很大。曾子用自己的行动教育孩子要言而有信、诚实待人，这种教育方法是可取的。

## 19. 扁鹊三兄弟

魏文王曾求教于名医扁鹊:"你们家兄弟三人都精于医术,谁是医术最好的?"扁鹊回答:"大哥最好,二哥差些,我是最差的一个。"魏王不解地问:"那为什么你却是你家三兄弟中最出名的一个呢?请介绍得详细些。"扁鹊解释说:"大哥治病,是在病情发作之前,那时病人还不觉得有病,大哥就铲除了病根。这使得他的医术难以被人认可,所以没有名气,只是在我们家被推崇备至。二哥治病,是在病初起之时,症状尚不十分明显,病人也不觉得痛苦。二哥能药到病除,乡里人都认为他只是治小病很灵。我治病,都是在病情十分严重之时,病人痛苦万分,家属心急如焚。此时,他们看我在经脉上穿刺,用针放血,或在患处敷药以

毒攻毒，或动大手术直指病灶，使病情得到缓解或很快治愈，所以我名闻天下。"

魏王大悟。

**【智慧小语】**"良医医其未发"，中国人讲上医治未病，不治已病。由此可见，中国人智慧之一是防患于未然、防微杜渐。但是，一般人看问题不够深远，误以为中医没有西医高明，中国的管理方式不如西方的管理方式有效。实际上，中国人懂得把问题处理于萌芽阶段，这种智慧不是一般人能看得懂的。

# 20. 孟母三迁

战国时有个大学问家，名叫孟子。孟子小时候父亲早早去世，母亲为了让他受到好的教育，花了好多心血。

一开始，他们住在墓地旁边，孟子和邻居的小孩一起学着大人跪拜、哭号的样子，玩起办理丧事的游戏。孟母看到了，皱起眉头："不行！我不能让我的孩子住在这里了！"

孟母带着孟子搬到市集，靠近杀猪宰羊的地方。孟子又和邻居的小孩学起商人做生意和屠宰猪羊。孟母知道了，又皱皱眉头："这个地方也不适合我的孩子居住！"于是，他们又搬家了。

这一次，他们搬到了学校附近，孟子开始变得守秩序、懂礼

貌、喜欢读书。这个时候，孟母很满意地点点头说："这才是我儿子应该住的地方呀！"

**【智慧小语】**家庭、学校和社会环境对孩子的将来有着深远的影响。家长的生活习惯、语言行为、思想观念对孩子有直接影响，学校教师的言行举止对孩子也有直接影响；社会上可见、可闻、可感的事，对孩子的价值观、人生观也有影响。

# 21. 孟母断机

孟子小时候厌倦学习，有一天，他不愿读书，逃学回了家。孟母正好在织布，见他逃学回来，一句话没讲，就把织机上的线剪断了，这意味着马上要织成的一匹布全毁了。

孟子非常孝顺，忙跪下来问："您为什么要这样？"孟母告诉他："读书求学不是一两天的事，就像我织布，必须从一根根线开始，然后一寸一寸才能织成一匹布，才可以做衣服。读书也是这个道理，如果不能持之以恒，像你这样半途而废、浅尝辄止，以后怎能成才？"孟子如梦初醒，从此一心向学，再也不随便旷课，后来继孔子而被尊称为"亚圣"。

【智慧小语】自古以来，如何教育好孩子，一直是家庭教育中最为重要也较为棘手的问题。为人父母，都希望孩子成龙成凤。然而，良好的主观愿望并不一定都能取得良好的教育效果。这其中就有一个教育方法的问题。"孟母断机"的故事之所以流传至今，其根本原因就在于孟母的循循善诱。面对孟子的逃学，孟母既没有骂，也没有打，而是用"断机"一事使孟子明白，学习半途而废很可惜，从而勤学不辍。这种善于借助事物蕴含的道理来教育孩子的方法，确实令今人为之击节赞叹！空洞的说教只能让孩子似懂非懂，左耳进右耳出；严厉的惩罚更让孩子逆而反之。因此，教育孩子应向孟母学习，少一些大而空的说教，多通过具体而微的事例对孩子进行启发引导。这种以事说理的教育方法，才能让孩子真正且深刻理解内在的道理和父母的良苦用心。

# 22．负荆请罪

战国时期，强大的秦国常常欺负赵国。代表赵国出使秦国的蔺（lìn）相如，智勇双全，把和氏璧安全带回赵国，在渑（miǎn）池之会上又保全了赵国的荣誉，被拜为上卿，地位跃居大将军廉颇之上。

廉颇很不服气："我为赵国立下多少汗马功劳才有今天，蔺相如凭着三寸不烂之舌倒爬到我头上来了。哼，见到蔺相如，我一定要给他点颜色看看。"

为了避免和廉颇见面，蔺相如称病不上朝。有一天，蔺相如坐车出门，远远瞧见廉颇的车马迎面过来，赶快退到小巷子里，

让廉颇的车马先过去。门客觉得蔺相如胆小怕事,请求离去。蔺相如劝阻他们说:"你们看廉将军跟秦王比,哪个厉害些?"门客说:"当然是秦王。"蔺相如说:"对呀,秦王我都不怕,怎么会怕廉将军呢?秦国不敢侵犯赵国,就是因为我们赵国文臣武将团结一心。如果我们两人不和,秦国就有机可乘。"

廉颇听说后,很惭愧,便赤着膀子,背着荆条,来到蔺相如家里请罪。他说:"我是个粗人,见识少,气量窄,哪知道您竟如此容忍,请您处罚我吧。"

【智慧小语】蔺相如不计个人恩怨、以国家利益为重的高风亮节和廉颇知错即改的坦荡襟怀,启发人们,在任何时候都要顾全大局,把国家民族利益放在第一位。

## 23. 稷母责金

战国时期，齐国有个叫田稷（jì）的人，在齐宣王手下拜了相，私下收了属下官吏二千四百两金子。他把金子送给母亲，母亲问这些金子是从哪里来的，田稷回答说："是从属下官吏那里得来的。"母亲责备道："国家设有官爵来待你，用了很丰厚的俸

禄来养你，你不能廉洁公正地遵奉君王的命令，那就不是我的儿子。"田稷很惭愧地走了出去，把金子还了回去，并请求齐宣王治他的罪。齐宣王很敬重他母亲的行为，仍旧拜他做相国。君子说："田稷的母亲天性廉洁，能够教化儿子。"

【智慧小语】田稷的母亲知道儿子受贿，严厉地谴责说："不义之财，非吾有也。不孝之子，非吾子也。"有个懂道理的娘，儿子不犯错；有个懂道理的妻子，丈夫可以减少犯错的概率。谁说家庭仅仅是避风的港湾？

## 24．一诺千金

秦末汉初，有个叫季布的人，特别讲信义。只要是他答应的事，无论多么困难，他一定想方设法办到。当时流传一句谚语："得黄金百斤，不如得季布一诺。"得到一千两黄金，也不如得到季布的一个承诺。

后来，刘邦打败项羽当上了皇帝，开始搜捕项羽部下。季布曾是项羽的得力干将，所以刘邦下令，只要谁能将季布送到官府，就赏赐一千两黄金。但是，季布重信义，深得人心，人们宁愿冒着被诛灭三族的危险为他提供藏身之所，也不愿意为一千两黄金而出卖他。

有个姓周的人秘密地将季布送到鲁地一户姓朱的人家,朱家很欣赏季布对朋友的信义,尽力将季布保护起来。不仅如此,还专程到洛阳去找汝阴侯夏侯婴,请他解救季布。

夏侯婴从小与刘邦很亲近,为刘邦建立汉朝立下汗马功劳,他也很欣赏季布的信义,在刘邦面前为季布说情。刘邦终于赦免了季布,不久,还任命季布做了河东太守。

【智慧小语】信用是多么宝贵啊!我们可以失去金钱,因为金钱可以再赚;可以失去工作,因为工作可以再找。但一旦信用失去了,就难以挽回!因此,失去信用就意味着失去一切。

## 25．一饭千金

韩信出身贫困，父母早逝，没人可以依靠，只好每天到河边钓鱼充饥。有一天，韩信碰到一个老婆婆。老婆婆见他饿得骨瘦如柴，面无血色，便把自己的饭分一些给他。一连几天，这个老婆婆每天都给韩信饭吃，韩信十分感激，对老婆婆说："您这样照顾我，将来我一定好好报答您。"老婆婆说："我不要你报答，只希望你要努力自立啊！"韩信满脸羞愧。从此，读兵书，习武艺，决心做个有用的人。

后来，韩信投奔到汉王刘邦门下，受到重用，拜为大将，授以调兵遣将、行军布阵的大权。韩信认真地训练兵马，率领汉军东征西讨，终于打败了强大的对手项羽，协助刘邦建立汉朝，被封为楚王。

韩信回到故乡，派人找到给他饭吃的老婆婆，向老婆婆再三道谢，并送给她一千两黄金。

【智慧小语】受人恩惠，切莫忘记。哪怕所受的恩惠很微小，但在困难时，即使一点点帮助也是很可贵的，到有能力时，好好报答施惠者才是做人的道理。

## 26. 张良纳履

张良是汉朝的大智谋家，辅佐汉高祖刘邦破秦灭楚，建立汉朝。他年轻时，有一天散步，看见一个穿着很寒酸的老人把鞋子从桥上弄落到桥下。老人抬头看了看张良，命他下桥为自己拾鞋。张良见其年迈，便下桥为他拾了鞋。但老人又伸出脚要求他给穿上，好事做到底，张良便跪下给他穿好。老人大笑而去，又很快复返，对他说，五天后一早在桥上见面。张良很惊奇，便答应下来。

五天后，张良赴约，老人已在那里了。老人发怒说："跟老人相约为什么迟到？五天后早点来。"五天后，张良在鸡鸣时分便去了，却又落于老人后面。老人不悦，又推了五天。五天后，张良不到半夜就去赴约，过了一会儿老人也到了。见张良已在，

老人高兴地说："孺子可教也。"于是，传给他一部竹简书，名曰《太公兵法》。此后，张良经常恭习诵读，为汉朝的建立立下大功。汉高祖刘邦在洛阳南宫评价他说："夫运筹帷幄之中，决胜千里之外，吾不如子房。"后世敬其谋略出众，称其为"谋圣"。

【智慧小语】我们应该学习的，首先是张良能忍的精神，小不忍则乱大谋。其次，要能灵活地处理各个变化着的事件。同时，也要抓住机遇，就像张良遇到黄石老人，这绝不是偶然，而是偶然中的必然，因为张良凭着自己良好的品质和过人的天资得到了老人的信赖。在得到兵书后，他也没有将其束之高阁，而是充分利用它，最终成就了自己。最后，我们应该从黄石老人对张良三番五次的"刁难"，领悟其煞费苦心的挫折教育，让张良在一次又一次的挫折中培养坚强的毅力和坚忍不拔的精神。

## 27．亲尝汤药

西汉时期的汉文帝刘恒，是汉高祖刘邦的第三个儿子，从小便奉行孝道。被封为代王时，生母薄太后跟他住在一起。刘恒与母亲感情深厚，倾心侍奉，尽力让她感到快乐和满足。

有一次，母亲患了重病，且一病就是三年，卧床不起。三年里，汉文帝每日勤理朝政，下朝后便衣不解带地陪伴在母亲病床前。煎好的汤药，他总要亲自尝过，看看汤药苦不苦，烫不烫，自己觉得差不多了，才给母亲喝。每次看到母亲睡了，才趴在母亲床边睡一会儿。汉文帝的仁义和孝顺感动了天下人，加上他治国有方，与后来的汉景帝一起开创了太平清明之世，史称"文景之治"。

【智慧小语】天之大，孝为先。总说自己学习忙、工作忙、生意忙，事情多、应酬多，无非是找借口，事情再多总多不过皇帝吧？汉文帝之孝道，流芳百世，不愧为中华民族学习之楷模。

## 28. 缇萦上书救父

汉文帝时有个叫淳于意的人，拜齐国著名医师杨庆为师，学得一手高超的医术。那时，他还担任齐国的仓令（管理仓库的官员），老师去世后，遂弃官行医。

因为他个性刚直，得罪了一个有权势的人，遭受陷害，被押往京城治罪，处以肉刑。所谓肉刑，共分三种：一为黥（qíng），就是面上刺字；二为劓（yì），就是割鼻；三为刖（yuè），就是截去左右脚（足趾）。

他的女儿名叫缇萦（tí yíng），虽然是个弱小女子，却不辞劳苦，长途跋涉，一同前往长安向皇帝上书诉冤。她陈述了肉刑的害处，说明了父亲为官时清廉爱民，行医时施仁济世，眼下确实是遭人诬害，并表示她愿意替父受刑。汉文帝被缇萦的孝心深深感动，赦免了她的父亲，并且下诏书废除了肉刑。有诗颂曰："随父赴京历苦辛，上书意切动机定。诏书特赦成其孝，又废肉刑惠后人。"

【智慧小语】《论语》说："事父母，能竭其力。"这个故事很鲜明地表现了这个主题。对待父母要孝顺，父母遇到困难，要竭尽所能为父母排忧解难，这才是真正的孝顺。

## 29. 编笆接枣，锯树留邻

据地方史记载，在现在河南省虞城县田庙乡境内，有个待邻村，村里有座待邻寺。说起这座寺，还有一段"编笆接枣，锯树留邻"的故事。

在很久以前，村里住着两户人家，一家姓任叫任守礼，一家姓李叫李保义。两家一东一西，中间仅隔一墙，平时和睦相处，关系一直很好。后来，西边的李家为了夏天院子里能有片阴凉，便在靠近东墙的地方栽种了一棵枣树。没几年，枣树枝叶繁茂，长大了，结果了，挂满枣子的树枝越过墙头，伸到东边任家院子里去了。七八月间，大风一刮，熟透的大枣噗噗嗒嗒落了任家一院子。

李保义并没在意，不就几个枣子吗，落谁家谁就吃呗。任守礼却不这样想，他认为枣树既然是李家种的，枣子就归李家所有，自家人无故享用，就是不道德。他怕孩子嘴馋，占人家便宜，便急忙把枣捡起来送还李家。但天天刮风，天天落枣，这样天天捡枣也不是个办法。于是，他便用院后坑塘里的芦苇编了一面篱笆，一头高一头低，斜架在枣树枝下，让落下的枣子都顺势滚到李家院里。即便如此，他仍不放心，孩子毕竟不懂事，生怕哪会儿看不住，偷吃了李家的枣，一是对不住邻居，二是有悖自己的做人原则。于是，他决定搬家。

好好的，为什么要搬家呀？李保义不解，忙问其故。当得知真相，李保义很感动，也很自责，心想，因为一棵枣树，就让品德这么高尚的邻居搬家，太不应该了。于是，当天夜里就把枣树

锯了。

第二天一早,任守礼见隔墙的枣树没有了,很纳闷,便去问李保义:"好好的一棵枣树,你为什么锯掉呀?"李保义回答:"你能编笆接枣,我就不能锯树留邻吗?"任守礼闻听此言,很是敬佩,心想,有这么好的邻居,还搬什么家呀!

人们被这种精神所感动,就把他们所住的村庄更名为待邻村。明嘉靖十六年,当地有个叫程奎的乡绅又为任李二人修了一座庙,名为待邻寺。从此,"编笆接枣,锯树留邻"的佳话在豫东一带作为邻里友好的典范,一直传颂至今。

【**智慧小语**】李家不为小利所惑,可谓光明磊落;任家待人谦和宽容,可谓高风亮节。人与人之间,应多一分磊落,少一分奸诈;多一分宽容,少一分卑鄙;多一分高瞻远瞩,少一分鼠目寸光。这是祖先留给我们的宝贵精神财富。

## 30．行佣供母

　　江革，东汉时齐国临淄（zī）（今山东淄博市临淄区北）人，少年丧父，侍奉母亲极为孝顺。战乱中，江革背着母亲逃难，几次遇到匪盗。贼人欲杀他，江革哭告："老母年迈，无人奉养。"贼人见他孝顺，不忍杀他。后来，他迁居下邳（pī），做雇工供

养母亲,穷得没钱买鞋子穿而赤着脚,而母亲所用甚丰。明帝时被推举为孝廉,章帝时被推举为贤良方正,任五官中郎将。

【智慧小语】孝子忠臣,可以像日月一样永恒地照耀世间。江革在这么艰难的环境中还能脱险,为母亲做最好的孝养。由此可见,环境的好坏并不足以影响孝子的心,只要我们有一颗真诚心,任何环境都可以做到孝亲、敬亲。

# 31. 悬鱼拒贿

羊续任庐江、南阳两郡太守多年，从不请托受贿、以权谋私。到南阳郡上任不久，属下一位府丞送来一条当地有名的特产——白河鲤鱼。羊续推让再三，但这位府丞执意要他收下。府丞走后，羊续将这条鲤鱼挂在屋外柱子上，风吹日晒。后来，府丞又送来一条更大的白河鲤鱼。羊续把他带到屋外柱子前，说：

"你上次送的鱼已成鱼干,请你一起拿回去吧。"府丞甚感羞愧,悄悄把鱼取走了。

【智慧小语】一条鱼并非什么值钱的财物,羊续却能坚守原则,"不以恶小而为之",这正是可贵之处。古今同理,对于我们现代人来说,修身立德,严于律己,就必须重视小节,持之以恒地在细微处严格要求自己。只有这样,才能洁身自好,做个清清白白的人。

## 32. 瘦羊博士

洛阳太学府是我国最早的大学,每年春节,太学府一派欢腾景象。博士们张灯结彩,准备恭迎皇上的诏书。

很快,太学府外锣鼓喧天,皇上派人来为博士们祝贺节日。令大家更为高兴的是,皇上不但在诏书中慰问了各位博士,还命人给他们每人带来一只羊,让他们过年享用。可是,面对肥瘦不一的羊,博士们都有些发愁。怎么分才公平呢?你一言我一语,却拿不出个好主意。有的人提出抓阄(jiū),凭运气分羊;有的人认为抓阄也不是好办法,难免会使一些人感觉不公平;有的人提出将羊杀掉,直接分肉……

一筹莫展的时候,一向少言寡语的博士甄(zhēn)宇站起来说:"还是一人牵一只的好。"说完,不由分说地上前牵羊。

众多博士想,他一定是抢先拣大而肥的羊,所以,都跃跃欲试,要上前抢羊。谁知,甄宇在羊群中左挑右选了半天,拉起一只最小的,泰然自若地离开了。看到这一幕,大家都不再争执,在甄宇的带头下,你谦我让,各自牵了一只羊回家。

洛阳城的人听说这件事,纷纷称赞甄宇,还给他起了个"瘦羊博士"的称号。自此,"瘦羊博士"专指那些克己让人的君子。

【智慧小语】还是那句老话说得好,吃亏是福。不肯吃亏的人,终究还是吃亏的那一个。不期望每个人都能成为"瘦羊博士",但起码可以约束自己,做真实诚信的自己。

一百个以孝治家故事

# 33．凿壁偷光

汉朝时，少年匡（kuāng）衡勤奋好学。由于家里很穷，白天必须干许多活儿挣钱糊口，只有晚上，才能坐下来安心读书。不过，又买不起蜡烛，天一黑，就无法读书。匡衡心疼这浪费的时间，内心非常痛苦。

邻居家很富有，一到晚上，好几间屋子都点起蜡烛，把屋子照得通亮。有一天，匡衡鼓起勇气，对邻居说："我晚上要读书，可买不起蜡烛，能否借用你家的一寸之地呢？"邻居一向瞧不起比他们家穷的人，挖苦说："既然穷得买不起蜡烛，还读什么书

呢！"匡衡听了非常气愤，更下定决心，一定要把书读好。

匡衡回到家中，悄悄在墙上凿了个小洞，邻居家的烛光就透过来了。借着这微弱的光线，如饥似渴地读起书来，渐渐把家中的书全都读完了。

读完这些书，匡衡深感自己所掌握的知识是远远不够的，想继续多读一些书的愿望更加迫切。附近有个大户人家藏书很多，一天，匡衡卷着铺盖出现在那家门前。他对主人说："请您收留我，我给您家里白干活儿不要报酬，只让我阅读您家的书就可以了。"主人被他的精神感动，答应了他的要求。

匡衡后来做了汉元帝的丞相，成为西汉有名的学者。

【智慧小语】外因（环境和条件）并不是决定性的因素，它只会产生一定的影响，外因通过内因才能起作用。我们要学习"凿壁偷光"的精神，学习匡衡的恒心与毅力。

## 34. 陈寔教育小偷

陈寔（shí）在乡间时，以平和的心处事。百姓打官司，陈寔判决公正，清楚详细地说明正确和错误两个方面，百姓没有丝毫怨言。大家感叹说："宁愿被刑罚处治，也不愿被陈寔批评。"

有一年闹饥荒，百姓没有收成，有小偷夜间进入陈寔家，躲在房梁上。陈寔发现了，起来整顿衣服，让子孙聚拢过来，严肃训诫道："人要自我勉励。犯下过错的人不一定本性是坏的，坏习惯往往是因不注重品性修养。屋梁上的那个人就是这样！"小偷大惊，从房梁跳到地上，跪拜在地，诚恳认罪。陈寔说："看你的长相，也不像个坏人，应该深自克制，返回正道。然而，你这种行为当是贫困所致。"遂命人赠送二匹绢给他。从此，全县没再发生盗窃。

**【智慧小语】**对待犯错误的人，教育不能采取简单粗暴的形式，而要分析犯错的原因，抓住本质，以理服人。

## 35. 苏武牧羊

西汉时，中郎将苏武出使匈奴，单于派汉朝叛臣、被封为丁灵王的卫律前来诱降。卫律说："苏先生，我归降匈奴，受单于大恩，封我为丁灵王，拥有数万奴隶，牲畜漫山遍野。你今天投降了，明天也和我一样富贵。若白白地流血牺牲，又有谁知道呢？"苏武怒斥道："卫律，你身为汉民，不顾恩义，叛国投敌，虽然得意一时，最终却逃脱不了天地良心的审判。"

卫律见苏武不屈服，只得向单于报告。单于见苏武很有气节，十分钦佩，更想招降，于是把苏武囚禁在一个大地窖里，不给饮食。苏武只得嚼雪止渴，用毡毛充饥。后来，单于又将苏武移到北海荒无人烟的地方，逼迫他牧羊。北海在今西伯利亚的贝加尔湖一带，苏武到了那里，单于停止了对他的食物供应，他只得捉野鼠掘草根充饥。在这荒漠上，除了丛生的野草，就是漫天的风雪，终年见不到一个人影。苏武拄着代表汉廷的旄（máo）节牧羊，无论坐卧行走都拿着。岁月一天天流逝，节杆上缀的三重旄牛尾都落尽。尽管如此，苏武却誓死不降。

十九年过去了，单于见苏武始终不肯屈服，只好放他回去了。苏武历尽艰辛，终于回到祖国。出使还是壮年，及至归来，头发胡须全白了。岁月改变了他的容颜，却改变不了他忠于祖国的赤子之心。

【智慧小语】每个人都要有强烈的爱国精神，要有崇高的民族气节。对于现代人来说，与过去不同的是考验不一样。过去考

验我们的是艰难困苦，而现在考验我们的是物质享乐。现在国家富足，人们的生活水平也越来越高，更好的物质生活是很难拒绝的。这才是真正考验一个人坚强意志的时候，不能一味追求荣华富贵。作为真正的中国人，不能失去做人的骨气与节气，这是我们每个人必须牢记于心的。

## 36．伯俞泣杖

韩伯俞，汉代梁州人，生性孝顺。母亲管教十分严格，会因他做错小事而用手杖打他。到后来，母亲又因故生气，举杖打他，但打在身上一点也不疼。伯俞忽然哭了起来，母亲十分奇怪，问："以前打你时，你总是不出声，也未曾哭泣。现在怎么这样难受？难道是因为我打得太疼吗？"伯俞忙说："不是，不是。

以前挨打,虽然感到很疼,但是知道您身体康健,庆幸母亲疼爱我的日子还很长,可以常常承欢膝下。今天母亲打我,一点儿也不觉得疼,足见母亲已年迈,心里难受,才情不自禁地哭泣。"

【智慧小语】孩子一天天茁壮成长,而父母在为儿女操心中一天天衰老。生命是这样短暂,如白驹过隙;生命也是这样脆弱,转瞬双亲已是风烛残年。行孝不能等啊!

## 37. 蔡顺拾葚

西汉末年，有个人名叫蔡顺，从小就没了父亲，和母亲相依为命。王莽篡位，天下大乱，年岁饥荒，到处都缺粮食，蔡顺只好到野外捡拾桑葚（shèn）供奉母亲。有一次遇到乱军，乱军很好奇："为什么要把红色的桑葚和紫色的桑葚分装在筐里呢？这样

不是很麻烦吗？"蔡顺回答说："紫色的成熟了，比较甜，是给母亲吃的；红色的还没有成熟，味道比较酸，是给自己吃的。"乱军怜悯他的孝心，便送他一头牛和白米，让他回去奉养母亲。但蔡顺不肯接受，这是他们抢夺来的。

后来，母亲去世，还没有安葬，忽然发生火灾。蔡顺抱住母亲的灵柩大哭，结果大火竟然越过蔡顺的家，没有烧到他们。

【智慧小语】人的孝心不仅能感化不善之人，还可以感通世间万事万物。正如《孝经》所说的："孝悌之至，通于神明，光于四海，无所不通。"孝是人类与生俱来的本善，与宇宙万事万物的本性相应，自然可以感通。

## 38. 黄香温席

汉朝有个叫黄香的人，江夏（今湖北境内）人。年纪才九岁，就已经懂得孝顺长辈的道理。每当炎炎夏日到来，黄香就用扇子对着父亲的帐子扇风，让枕头和席子更清凉，也让蚊虫远远避开帐子，父亲可以睡得舒服；到了寒冷的冬天，黄香就用自己的身体焐热父亲的被子，好让父亲睡得暖和。后来，黄香的事迹传到京城，人们称赞他"天下无双，江夏黄香"。

**【智慧小语】**黄香侍奉父亲的故事,反映出一个孩子细致、纯真的孝心,是一个孩子从内心深处自然萌发出来的孝,又是出于天性并尽自己所能做到的孝行,是我们学习的榜样。让我们从身边一点一滴的小事做起,孝敬父母,关心他们。要知道,父母把我们照料成人有多么辛苦。用孝顺的心对待父母,父母可以得到很好的孝养;用慈悲的心对待众生,众生能得到很大的利益;用恭敬孝养父母的心做天下的事情,这个世界会因为你的存在而变得格外美好。

## 39．杨震拒金

东汉时期的杨震为官公正廉洁，不谋私利。任荆州刺史时发现王密才华出众，便向朝廷举荐为昌邑（今山东金乡县境）县令。后来调任东莱太守，途经昌邑，王密亲赴郊外迎接恩师。

晚上，王密前来拜会，两人聊得非常高兴，不知不觉已是深夜。王密起身告辞，突然从怀中捧出黄金，放在桌上，说道："恩师难得光临，我准备了一点小礼，以报栽培之恩。"杨震说："以前正因为我了解你的真才实学，所以才举你为孝廉，希望你做一个廉洁奉公的好官。你这样做，岂不是辜负了我对你的厚望？你

对我最好的回报是为国效力,而不是送给我个人什么东西。"可王密还是坚持:"三更半夜,不会有人知道的,请收下吧!"杨震立刻变得非常严肃,说:"你这是什么话?天知,地知,我知,你知!你怎么可以说没人知道呢?没有别人在,难道你我的良心就不在了吗?"王密顿时满脸通红,赶紧走了,消失在沉沉夜幕中。

【智慧小语】无论学习还是生活,都不能因为别人不知道就放纵自己,要时刻坚持做人做事的正确原则。

# 40. 管宁割席

《世说新语》有这么一则故事：管宁和华歆（xīn）是一对非常要好的朋友，同桌吃饭、同榻读书、同床睡觉，成天形影不离。

有一次，他们在田里锄草。管宁挖到一锭金子，但没有理会，继续锄他的草。而华歆丢下锄头奔了过来，拾起金子摸来摸去，爱不释手。管宁见状，劝他道："钱财应该靠自己的辛勤劳动

获得，一个有道德的人，不可以贪图不劳而获。"华歆听了，不情愿地丢下金子回去干活儿，不住地唉声叹气。管宁见他这个样子，不再说什么，只是暗暗摇头。

又一次，两人坐在一张席子上读书。一个高官在窗外经过，敲锣打鼓，前呼后拥，威风凛凛。管宁对外面的喧闹充耳不闻，好像什么都没发生一样。华歆却被这种排场吸引住了，嫌在屋里看不清楚，干脆连书也不读了，急急忙忙跑到街上去看热闹。

管宁目睹了华歆的所作所为，再也抑制不住心中的失望，等到华歆回来，就当着他的面，把席子割成两半，痛心地宣布："我们的志向和情趣太不一样了。从今以后，我们就像这割开的草席一样，再也不是朋友！"这就是历史上著名的"管宁割席"。

**【智慧小语】**《弟子规》说："不亲仁，无限害，小人进，百事坏。"如果不肯亲近有道德的仁者，无形中会给自己带来无限危害。一旦让小人有机可乘，你所做的事可能一败涂地，自己甚至会堕入罪恶的深渊。

## 41．孔融让梨

汉朝有个叫孔融的孩子，十分聪明。孔融有五个哥哥、一个弟弟。有一天，家里吃梨。一盘梨放在大家面前，哥哥让孔融先拿。孔融没有挑好的，也不拣大的，只拿了一个最小的。父亲看见了，心里很高兴，问："这么多的梨，又让你先拿，你为什么不拿大的，只拿最小的呢？"孔融回答说："我年纪小，应该拿个小的，大的留给哥哥吃。"父亲又问："弟弟不是比你还要小吗？"孔融说："我比弟弟大，我是哥哥，我应该把大的留给弟弟吃。"父亲听了，哈哈大笑："好孩子，好孩子，真是一个好孩子！"

【智慧小语】凡事要懂得遵守公序良俗。这都是年幼时就应该知道的道德常识。古人对此非常重视。道德常识是启蒙教育的基本内容，融于日常生活、学习的方方面面。

# 42. 曹冲称象

有人送来一头大象,曹操很高兴,带着儿子和官员们一同去看。大象又高又大,身子像一堵墙,腿像四根柱子。官员们一边看一边议论:"这么大的象,到底有多重呢?"

曹操问:"谁有办法把这头大象称一称?"有的说:"得造一杆大秤,砍一棵大树做秤杆。"有的说:"有了大秤也不成啊,谁有那么大的力气提起这杆大秤?"也有的说:"办法倒有一个,就是把大象宰了,割成一块一块的再称。"曹操听了直摇头。

曹操的儿子曹冲才七岁,他站出来说:"我有个办法。把大象赶到一条大船上,看船身下沉多少,然后沿着水面,在船舷上画

一条线。把大象牵上岸,再往船上装石头,等船下沉到画线的地方,然后称一称船上的石头。石头一共有多重,大象就有多重。"曹操微笑着点点头,叫人照曹冲说的去做,果然称出了大象的重量。

【智慧小语】一千八百多年前,幼小的曹冲就有这样惊人的智慧,怎不叫人称赞?这个故事启发我们,在现实生活中遇事要多动脑筋,锻炼自己的思维能力,才能变得越来越聪明。

# 43．三顾茅庐

东汉末年，中原各地都在打仗，每股势力都想壮大自己。其中有位叫刘备的英雄，他看到天下四分五裂，百姓饱受折磨，很想建立一个没有战乱、百姓能够安居乐业、的国家。但是，刘备的势力很薄弱，身边只有两个能征善战的好兄弟——关羽和张飞，缺少有智谋的人帮助他。

谋士徐庶向刘备推荐诸葛亮，说他才华过人、智谋深远，谁能得到他的帮助，就可以平定天下。刘备听了很高兴，于是派人打听诸葛亮的消息。那时，诸葛亮住在隆中的一间茅草屋里，过着悠闲的隐居生活。

刘备带着丰厚的礼物，在关羽和张飞的陪同下，一起去请诸葛亮。到了诸葛亮的家门口，刘备亲自去敲门。不巧，诸葛亮不在家。刘备只好失望地回去了，但仍不放弃。

有一天，刘备听说诸葛亮回家了，就急忙带着关羽和张飞再次去拜访。正是冬天，北风呼呼地刮着，还下着大雪。刘备冒着雪走了很远的路，希望用自己的诚意打动诸葛亮。可是，这一次诸葛亮又没在家。刘备只好留下一封信离开了。

过了些日子，刘备准备再次去请。关羽和张飞都劝他不要去了，他们都觉得刘备没必要对诸葛亮这么恭敬。刘备却说："对于有才能的人，就要有尊敬的态度。"

这一次，他们到的时候已经是中午了。书童说，先生正在午睡。刘备没有打扰，恭敬地站在门口等。等了很久，太阳晒得他满头大汗。关羽和张飞都心疼地劝刘备到阴凉处坐下休息，可刘

备觉得，那样不足以表达他对先生的敬意，坚持守在门口。

诸葛亮醒来，听说刘备已经在门口站了几个小时，非常感动，赶快出门迎接。诸葛亮邀请刘备到书房讨论国家大事，发现两人有着共同的目标。于是，决定接受刘备的邀请。

刘备三次拜访诸葛亮，用自己的真诚打动了他，才得到了他的辅佐。在此后的几十年里，诸葛亮用自己的才智帮助刘备，使蜀汉政权成为当时最强大的势力之一。

【智慧小语】刘备两次到隆中拜访诸葛亮，想请他出山，但诸葛亮就是不见。刘备没有灰心，没有放弃，通过第三次恭恭敬敬的拜访，终于见到诸葛亮，得到了不可多得的人才，为以后三分天下打下了坚实的基础。一个有志气、有追求、有思想的人，不管在学习还是生活上，不管前面的道路多么泥泞，任务多么艰巨，只要有毅力、有目标，最终一定会成功。

## 44. 悬梁刺股

东汉有个人名叫孙敬,是著名的政治家。他年轻时勤奋好学,经常关起门读书,从早到晚,常常是废寝忘食。读书时间久了,疲倦得直打瞌睡,他怕影响学习,就想出了一个特别的办法。古时候,男子的头发很长,他就找了一根绳子,一头牢牢地绑在房梁上,一头绑在头发上。打盹儿了,头一低,绳子就会牵住头发,把头皮扯痛,马上就清醒了,再继续读书。这就是孙敬"悬梁"的故事。

而在更早的战国时期,有个人名叫苏秦,也是出名的政治家。他年轻时由于学问不深,到好多地方做事,都不受重视。回

家后，家人对他也很冷淡，瞧不起他。这对他刺激很大，下定决心发奋读书。他常常读书到深夜，很疲倦，常打盹儿，直想睡觉，于是想出一个方法：准备一把锥子，一打瞌睡，就用锥子往自己的大腿上刺一下，猛然间感到疼痛，遂清醒过来，再坚持读书。这就是苏秦"刺股"的故事。

【**智慧小语**】这两个故事用以激励人发奋读书学习，同时还告诉我们，只要付出时间和精力，只要下功夫，就会有收获。但需要说明的是，这种刻苦学习的精神是好的，方法不必模仿。

# 45. 一屋不扫，何以扫天下

　　东汉有个人叫陈蕃，学识渊博，胸怀大志。少年时代发奋读书，就能以天下为己任。一天，他父亲的一位老朋友薛勤来看他，见他独居的院内杂草丛生、秽物满地，对他说："你怎么不打扫一下屋子，以招待宾客呢？"陈蕃回答："大丈夫处世，当扫除天下，安事一屋乎！"薛勤当即反问道："一屋不扫，何以扫天下？"陈蕃听了，觉得很有道理。从此，开始注意从身边小事做起，最终成为一代名臣。

　　【**智慧小语**】大事须从小事做起。《弟子规》说："房室清，墙壁净，几案洁，笔砚正。"意思是说：房屋要整理清洁，墙壁要保持干净，书桌上笔墨纸砚等文具要放置整齐，不得凌乱，触目所及皆井井有条，才能静下心来读书。

## 46．曹操推己及人

东汉末年，曹操在和袁绍作战时处于下风，许多部下对胜利没有信心，写信和袁绍联络，如果曹操失败也好有个出路。后来，经官渡之战曹操打败了袁绍，从袁绍那里缴获了这些书信。曹操看也不看，就让人烧毁了。有人问："为什么不查是哪些人和袁绍勾结？"曹操说："这些跟我打仗的人谁没有家庭、儿女，谁在绝望时都会找出路。当时连我也没有信心，何况他们？所以，不要追问了。"

【智慧小语】设身处地为他人着想，始能宽容。站在对方的角度想问题，心量自然而然就会放大。

## 47. 陆绩怀橘

三国时期有个人叫陆绩，特别孝顺。六岁那年，跟父亲到袁术家做客。袁术命人取出蜜橘招待他，但他没吃，而是悄悄藏在怀里。后来他向袁术行礼告辞，叩头的时候，怀里滚出三个蜜橘。

袁术大笑道："你吃了不够，还要拿呀？"陆绩回答说："我

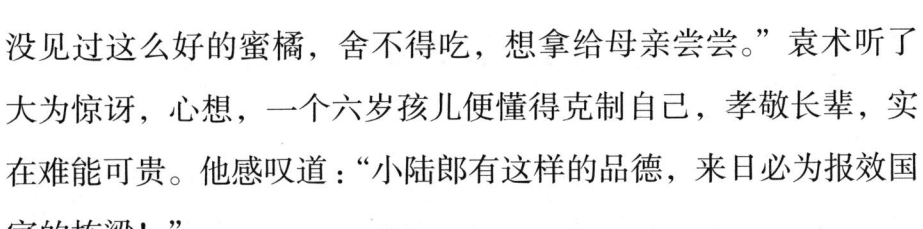

没见过这么好的蜜橘，舍不得吃，想拿给母亲尝尝。"袁术听了大为惊讶，心想，一个六岁孩儿便懂得克制自己，孝敬长辈，实在难能可贵。他感叹道："小陆郎有这样的品德，来日必为报效国家的栋梁！"

有诗曰："孝悌皆天性，人间六岁儿。袖中怀橘实，遗母报深慈。""当年橘子入怀日，正是天真烂漫时。纯孝成性忘小节，英雄自古类如斯。"从此，"陆绩怀橘"便传为佳话。

**【智慧小语】**陆绩六岁就懂得体念亲心的行为并非偶然，实为得力于良好的家庭教育。除了父母以身作则，他还诵读经史，无数古圣先贤的存心和德行，从小就在他心里扎下了根。

# 48．裴秀学礼

　　裴秀是西晋的一位大臣,从小就懂得勤奋学习,从不放过任何一个机会。裴秀出生于官僚贵族家庭,家中常有客人来访。每次宴请客人,母亲总是让他端饭送菜,服侍客人。裴秀把接待客人也当成学习的机会,总是虚心虔诚,举止有礼,谈吐优雅得体,客人也都很喜欢他。裴秀的名声很快就传开了。

　　【智慧小语】中国是文明古国、礼仪之邦,源远流长,爱国奉献、勤俭节约、自强不息、仁义礼智、见义勇为、诚实守信、助人为乐、孝老爱亲、公而忘私等传统美德代代相传,留下了众多丰富多彩、感人至深、砥砺精神的故事。希望青少年像裴秀学礼那样,从小就学习和践行这些故事,形成良好的品德,做有道德的人,让中华美德薪火相传。

## 49. 囊萤映雪

晋代有个叫孙康的读书人，家里很贫穷，买不起灯油。一天半夜，孙康从睡梦中醒来，把头侧向窗户，发现窗缝里透进一丝光亮。原来，那是大雪的反光。他发现利用它可以看书，倦意顿消，立即穿好衣服，取书来到屋外。宽阔的大地映着雪光，比屋里亮多了。孙康不顾寒冷，立即看起书来，手脚冻僵了，就起身跑一跑，搓搓手指。此后，每逢有雪的晚上，他都不放过这个好机会，孜孜不倦地读书。这种苦学的精神，使他的学识突飞猛进，成为饱学之士。后来，当了御史大夫。

  同在晋代，还有个叫车胤（yìn）的人，从小就好学不倦，但因家境贫困，父亲无法为他提供良好的学习环境。一家人维持温饱之外，没有多余的钱买灯油。为此，他只能利用白天读书。

  夏天的一个晚上，车胤正在院子里背一篇文章，忽见许多萤火虫在低空飞舞。一闪一闪的光点，在黑暗中显得有些耀眼。他想，如果把许多萤火虫集中在一起，不就成了一盏灯吗？于是，他去找了一个白绢口袋，随即抓了几十只萤火虫放在里面，再扎住袋口，把它吊起来。虽然不怎么明亮，但勉强可用来看书。从此，只要有萤火虫，他就去抓一把用来照明。由于勤学好问，终有成就，官至吏部尚书。

  【智慧小语】穷，并不能消磨我们求学的意志！无论我们是什么身份和地位，无论我们身处何方，学习是一种习惯，学习是一辈子的事。

## 50. 周处改过自新

周处年少时为人凶恶武断,被乡里人视为祸害。此外,水中有条蛟龙,山上有只转来转去要吃人的老虎,义兴百姓将其并称为"三害",而其中周处尤为厉害。

有人劝周处去杀死猛虎蛟龙,实则希望"三害"相拼,最后只剩一个。周处听了,立即上山刺杀了猛虎,又跳入水中与蛟龙搏斗。蛟在水中或浮或没,漂流出数十里,周处紧紧追击。过了三天三夜,百姓都以为蛟龙和周处一并死了,互相庆贺。

而周处竟杀死蛟龙,破水而出。闻听乡人以为自己已死,为此而庆贺的事,才知大家把自己也当作一大祸害,遂萌生悔改之

意。于是,他到吴地寻找陆机、陆云这两位东吴名士,把全部情况都告诉陆云,并说自己想修身改过,可岁月已荒废,怕最终一事无成。陆云说:"古人重视道义,认为哪怕早上明白了道理,晚上死去也便甘心,况且你的前途还是有希望的!人就怕立不下志向,又何必担忧好名声得不到传扬呢?"周处因此努力改过,终于成为一名忠臣孝子。

【智慧小语】我们要学会知错能改。一个人只要有改恶从善的决心和行动,就是一个脱离了低级趣味的人、一个有益于人民的人。

## 51. 卧冰求鲤

晋朝王祥早年丧母,继母朱氏并不抚养他,常在其父面前数说王祥的是非。王祥因此失去父亲的疼爱,总是被指派去打扫牛棚。父母生病,他忙着照顾,连衣带都来不及解。

一年冬天,继母生病想吃鲤鱼,但因天寒河水冰冻,无法捕捉,王祥便赤身卧于冰上。忽然间冰裂开,从裂缝处跃出两条鲤

鱼。王祥喜极，持归供奉继母。继母又想吃烤黄雀，但是黄雀很难抓，正在担心之时，忽然有数十只黄雀飞进他捕鸟的网中。王祥大喜，旋即又用来供奉继母。他的举动，在十里八村传为佳话，人们都称赞王祥是人间少有的孝子。

【**智慧小语**】孝敬父母，尊敬兄长，是中华民族几千年来的传统美德，也是做人的基本原则。如果连这种品德都不具备，掌握再多的知识，也没有办法成为一个真正德才兼备的人。

## 52. 闻鸡起舞

东晋范阳遒（qiú）县（今河北涞水）人祖逖（tì），是个胸怀坦荡、抱负远大的人。可小时候，他是个不爱读书的淘气孩子；进入青年时代，他意识到自己知识贫乏，深感不读书无以报效国家，于是发奋读书。他广泛阅读书籍，认真学习历史，从中汲取丰富的知识，学问大有长进。他几次进出京都洛阳，接触过

他的人都说，祖逖是个能辅佐帝王治理国家的人才。

祖逖二十四岁的时候，有人推荐他去做官，他没有答应，后来与幼时好友刘琨一同担任司州主簿。二人感情深厚，不仅常常同床而卧，同被而眠，还有共同的远大理想：建功立业，复兴晋国，成为国家的栋梁之材。

一次，半夜里祖逖在睡梦中听到公鸡的鸣叫声，一脚把刘琨踢醒，对他说："你听见鸡叫了吗？"刘琨说："半夜听见鸡叫不吉利。"祖逖说："我偏不这样想，干脆咱们以后听见鸡叫就起床练剑如何？"刘琨欣然同意。此后，每天鸡一叫他们就起床练剑，剑光飞舞，剑声铿锵。冬去春来，寒来暑往，从不间断。

功夫不负有心人，经过长期的刻苦学习和训练，他们终于成为能文能武的全才。祖逖被封为镇西将军，实现了报效国家的愿望；刘琨做了征北中郎将，兼管并、冀、幽三州军事，也充分发挥了他的文才武略。

【智慧小语】如果现在不努力，没有危机意识，学无所成，身体病恹恹，一旦战争来临，不但报不了国，只怕最先成为枪下鬼，或者拖累他人。

## 53．王羲之吃墨

王羲（xī）之小时候，练字十分刻苦。据说练字用坏的毛笔，堆在一起成了一座小山，人们叫它"笔山"。他家的旁边有一个小水池，他常在这水池里洗毛笔和砚台，后来小水池的水都变黑了，人们叫它"墨池"。

长大后，王羲之的字写得相当好了，但还是坚持每天练字。有一天，他聚精会神地在书房练字，连吃饭都忘了。丫鬟送来他最爱吃的蒜泥和馍馍，催着他吃，他好像没有听见一样，还是埋头写字。丫鬟没有办法，只好去告诉夫人。夫人和丫鬟来到书房，看见王羲之正拿着一个沾满墨汁的馍馍往嘴里送，弄得满嘴乌黑，忍不住笑出了声。原来，王羲之边吃边练字，错把墨汁当

成蒜泥蘸了。夫人心疼地对王羲之说:"你要保重身体呀!你的字写得很好了,为什么还要这样苦练呢?"王羲之抬起头,回答说:"我的字虽然写得不错,可那都是学习前人的写法。我要有自己的写法,自成一体,那就非下苦功夫不可。"

经过一段时间的艰苦摸索,王羲之终于写出了一种妍美流利的新字体。大家都称赞他的字像彩云那样轻松自如,像飞龙那样雄健有力,他也被公认为我国历史上杰出的书法家。

【智慧小语】做事情只要专心致志、全神贯注、勤奋刻苦,终会有一番非凡成就。

## 54. 王羲之劝子于学

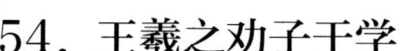

晋代书法家王献之自小跟父亲王羲之学写字。有一次，他要父亲传授习字的秘诀，王羲之没有正面回答，而是指着院里的十八口水缸说："秘诀就在这些水缸中，你把这些水缸中的水写完就知道了。"王献之心中不服，认为自己人虽小，字已经写得很不错了。他下决心再练基本功，在父亲面前展示一下。他天天模仿父亲的字体，练习横、竖、点、撇、捺，足足练习了两年，才把自己写的字给父亲看。父亲笑而不语。王献之又练了两年各种各样的钩，然后给父亲看，父亲还是不言不语。

王献之足足又练了四年，才把写的字捧给父亲看。王羲之看后，在儿子写的"大"字下面加了一点，成了"太"字，因为他嫌儿子写的"大"字架势上紧下松。母亲看了儿子的字，叹了口气说："我儿练字三千日，只有这一点像你父亲写的！"王献之听了，这才彻底服了。从此，更下功夫。

王羲之看到儿子用功练字，心里非常高兴。一天，他悄悄走到儿子背后，猛地拔他执握在手中的笔，没有拔动。王羲之赞叹说："此儿后当复有大名！"儿子写字有了手劲，王羲之这才开始悉心培养。后来，王献之真的写完了那十八缸中的水，与父亲一样，成了著名的书法家。

【智慧小语】王羲之劝子于学，采用的是不动声色的方法。没有一句说教，却使王献之逐步懂得学无止境的道理，从小就确立了严谨的治学态度。

## 55. 李士谦乐善好施

北朝魏齐有个叫李士谦的人,十分富有,但崇尚节俭,为人慷慨,常周济老百姓。有一年春荒,许多人家都断了粮,李士谦拿出一万石粮食给乡里的缺粮户。到了秋天又遇年成不好,庄稼歉收,借了粮的人都要求延期偿还。李士谦说:"我借粮给你们是为了帮大家度荒,不是为求利。既然年成不好,借的粮就不用还了。"他请来欠粮的人吃饭,当着大家的面烧毁了全部借据。第二年粮食丰收,许多人挑粮来还,李士谦坚决不收,还粮的人只好又挑了回去。李士谦乐善好施三十年,在隋文帝开皇八年去世,他所在的赵州一带有一万多人为他送葬,哭声动地。

【智慧小语】毛主席说,一个人做点好事并不难,难的是一辈子做好事,不做坏事。李士谦做好事三十年如一日,最后赢得史学家为他在《隋书》中立传。

# 56．木兰代父从军

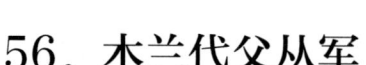

北魏末年，柔然、契丹等少数民族日渐强大，经常派兵侵扰中原，抢劫财物。朝廷为了对付他们，常常大量征兵，以加强北部边境驻防。

木兰从小喜欢骑马射箭，练得一身好武艺。一天，朝廷要征木兰的父亲去当兵，但父亲老迈，怎能参军打仗？木兰没有哥哥，弟弟又太小，她不忍心让年老的父亲去受苦，决定女扮男装，代父从军。

木兰随着队伍到了北方边境。她担心自己女扮男装的秘密被人发现，故处处加倍小心。白天行军，木兰紧紧地跟上队伍，从不敢掉队。夜晚宿营，从来不敢脱衣服。作战的时候，她凭着一身好武艺，总是冲杀在前。从军十二年，木兰屡建奇功，同伴们十分敬佩，称赞她是个勇敢的好男儿。

战争结束后，皇帝召见有功的将士，论功行赏。但木兰既不想做官，也不要财物，只希望得到一匹快马，好立刻回家。皇帝欣然答应，并派使者护送木兰回去。

父母听说木兰回来，非常欢喜，立刻赶到城外去迎接。弟弟在家里也杀猪宰羊，慰劳为国立功的姐姐。木兰回家后，脱下战袍，换上女装，梳好头发，出来向护送她回家的同伴们道谢。同伴们见木兰原是女儿身，都万分惊奇，没想到共同战斗十二年的战友竟是一位漂亮女子。

【智慧小语】木兰既是奇女子又是普通人，既是巾帼英雄又

是平民少女,既是矫健的勇士又是娇美的女儿。她勤劳善良又坚毅勇敢,淳厚质朴又机敏活泼,爱护亲人又能报效国家,不慕高官厚禄而热爱和平生活。善良勇敢,沉着机智,坚忍不拔,是木兰英雄品格之必要内涵。对父母对祖国的无限爱心和献身精神,是其英雄品格的最大精神力量源泉。我们要向木兰学习,学习她为了父亲女扮男装从军的精神,学习她对父母的孝顺。当然,我们现在不需要代父从军,只要认真学习,自己的事情自己做,帮助父母干些力所能及的事情,减轻父母的家务负担,就是在孝顺父母。

## 57. 柳公权谦虚学字

柳公权小时候字写得不好，常常受到老师和父亲的批评。他虚心听取他们的教诲，经过一年的勤学苦练，进步很大，受到老师的表扬。表扬的次数多了，柳公权也觉得自己很了不起。

有一天，柳公权和几个小伙伴举行写大楷比赛。他很快写好一篇，满以为能稳拿冠军，脸上露出得意扬扬的神色。一位卖豆腐的老人见柳公权这么不谦虚，想给他泼点凉水，走过去对他说："华原城里有个人用脚写字，写得比你还要好。"

柳公权听了有点不服气，第二天一大早就赶到华原城。他亲眼看到那位无臂老人用左脚压住铺在地上的纸，用右脚夹住毛

笔,龙飞凤舞地写对联,写出的字比自己不知要好多少倍。他非常诚恳地对那位无臂老人说:"柳公权愿拜您为师,请老师告诉学生写字的秘诀。"

无臂老人沉思片刻,给他写了四句话:"写尽八缸水,砚染涝池黑。博取百家长,始得龙凤飞。"老人解释说:"这就是我写字的秘诀。我用脚写字,已经练了五十多个年头。我磨墨练字用完八大缸水,每天写完字就在半亩大的池塘里洗砚,池水都染黑了。可是天外有天,山外有山,我的字还差得远呢!"

柳公权牢牢记住老人的话。从此,他更加勤奋地练字,虚心求教书法名家,取长补短,刻苦钻研,终于成为著名的书法家。

【智慧小语】"虚心使人进步,骄傲使人落后。"一个人再聪明,如果骄傲自大,最终可能一事无成。

## 58. 士选让产

五代时期的张士选，幼年就失去了父母，靠叔叔养育教诲。等到张士选十七岁，叔叔对他说："祖父遗下的家产分作两份，我和你各得一份。"可是张士选说："叔叔有七个儿子，应当把家产分作八份才好。"叔叔不肯，然而张士选看到叔叔这样坚持，更加礼让。最后，叔叔没办法就答应了。

张士选十七岁就被推荐进京参加考试,同时被推荐的有二十几位。有位精通相学的术士指着张士选说:"今年高中状元的,就是这位少年啊!"同辈的人听了都大笑不已,并且反驳相士的话。相士说:"做文章这件事情,不是我能够了解的,但是这位少年,满脸都充满积了大阴德的气象,这一定是他做了大善事的缘故。所以,我才敢断定他今年必定高中状元啊!"果然,张士选考中,名传金殿。

**【智慧小语】**现在为了争财产而不顾手足之情的人,实在太多了!亲兄弟都是如此,何况同父异母的兄弟?若堂兄弟间分财产,关系就会愈分愈远了。有谁能像张士选一样呢?古人说:"薄待了兄弟,便是薄待了父母啊!薄待了堂兄弟,便是薄待了祖宗啊!"树木的根本若有了亏损,那么枝叶必定遭到破坏!

## 59. 李晟劝女孝公婆

李晟（shèng）（727—793），字良器，洮（táo）州临潭（今甘肃临潭）人，唐代军事家。因爵封西平郡王，世称李西平。

李晟的女儿嫁给吏部侍郎崔枢为妻。一次，李晟做寿，其女前来庆贺。酒宴上，一个侍女来到女儿身旁耳语几句，女儿退席而去，不久又回到宴席。李晟问女儿何事，女儿答道："昨晚婆婆身体不适，我派人回去照顾了。"李晟怒斥道："我怎么有你这样的女儿！婆婆病了，你作为媳妇不在家侍奉，反而来为父亲祝寿。我有你这种女儿，还做什么寿！"李晟当下命女儿马上回家，自己随后也前往崔家问候，并因没有教育好女儿而道歉。

【智慧小语】古代女子默默继承传统美德，出嫁后以"教子治国平天下"为根本，以"教女知书达礼"为重任。因为有心地善良、温婉如玉的淑女，才会有贤母。故此，贤母所生儿女皆为贤人。而后世称女人为太太，是从周室有三位"太"字辈"贤妻良母，母仪可风"的典故而来。所以说，治国平天下之权，女人家操得一大半，盖以母教为本也。

## 60. 铁杵磨成针

唐朝大诗人李白,小时候不喜欢读书。一天,趁老师不在,悄悄溜出门去玩儿。他来到山下小河边,见一位老婆婆在石头上磨一根铁杵(chǔ)。李白很纳闷,上前问:"老婆婆,您磨铁杵做什么?"

老婆婆说:"我在磨针。"李白吃惊地问:"哎呀,铁杵这么粗大,怎能磨成针呢?"老婆婆笑呵呵地说:"只要天天磨,铁杵总能越磨越细,还怕磨不成针吗?"

幼年的李白是个悟性很高的孩子,他听了老婆婆的话,一下子明白了许多,心想:"对呀,做事情只要有恒心,天天坚持去做,什么事都能做成。读书也是这样,虽然有不懂的地方,但只要坚持多读,天天读,总会读懂的。"想到这里,李白深感惭愧,脸都发烧了。他拔腿便往家跑,重新回到书房,翻开原来读不懂的书。从此,他牢记"只要功夫深,铁杵磨成针"的道理,发奋读书。

【智慧小语】坚持不懈地努力学习,以顽强意志战胜学习和生活中遇到的各种困难,才能成为优秀的人才。

# 61．虎守杏林

民间有许多有关药王孙思邈（miǎo）的传说，"虎守杏林"就是其中之一。

有个庄稼汉患腰腿疼来看病，孙思邈为他治好了病却分文不收。庄稼汉过意不去，便挖了棵小杏树栽在山上，以表谢意。后来，其他病人在痊愈后也纷纷仿效。天长日久，杏树越栽越多，蔚然成林，人们就用"杏林春满"来赞颂孙思邈的高尚医德。

一天，一只小虎来到孙思邈跟前蹲伏下来，又眼泪汪汪地引导孙思邈走进密林。只见枯草中卧着一只奄奄一息的大虎，原来它被骨刺卡住了咽喉。孙思邈毫不畏惧，手戴铁环，拔出骨刺，又配制草药让大虎服下，大虎的伤果然好了。

老虎为了感恩，每年杏花盛开时，便卧于杏林旁守护，直至

杏子收获才离去。过去中药铺柜房门上常书"杏林"或"虎林"二字，就是因此而来。医者手戴医铃，行医乡间，医铃又称"虎箍（gū）"，也是因为孙思邈医虎时手戴铁环。

【智慧小语】生活，甚至生存，并不容易。因而，唯有爱、信任与坚持，永享礼赞。文明与文明之间，人与人之间，信任同样不可或缺。

## 62. 公艺百忍

唐朝有个张公艺,他家九代同堂,住在一起不分家。因为这么和气兴盛,引起皇帝的注意。

有一次,高宗皇帝到泰山路过郓(yùn)州这个地方,就来拜访张公艺。高宗问:"为什么你们这一家可以其乐融融,这么多人能居住在一起呢?"张公艺请求用纸笔来对答,高宗皇帝就给了他纸笔。他提起笔,连写了一百多个"忍"字呈给皇上,并解释说:"父子不忍失慈孝,兄弟不忍外人欺,妯娌不忍闹分居,婆媳不忍失孝心。"

高宗觉得张公艺说得很有道理，亲自为他题写了四个大字："百忍义门"，以示旌（jīng）表。

【智慧小语】宗族为什么不能和睦相处呢？最主要的是领导人有偏颇，在衣食住行方面徇私，族人当然会起愤愤不平之心。除此之外，长幼是否有序，也是重要的原因。如果一个家庭没有尊卑，没有次第，这个家就会混乱，纷争不断。如果不能相互包容，就会相互争吵，彼此不能同心协力，相互合作，不愿意努力生产，家业就不能蒸蒸日上，这个家就没有办法维持下去了。如果每个人都积极为家里做贡献，互相协助，都能做到这个"忍"字，互相礼让，家庭当然就能和睦。

# 63. 吕蒙正不记人过

　　吕蒙正不喜欢记别人的过错。刚担任参知政事进入朝堂时,有位官吏在帘内指着吕蒙正说:"这小子也来参政啊?"吕蒙正装作没听见,走过去了。与他同行的人非常愤怒,下令追查那个人的官位和姓名。吕蒙正急忙制止。下朝后,同行的人仍然愤愤不平,后悔没有彻底追究。吕蒙正则说:"如果知道那个人的姓名,便终生不能再忘记,因此,还不如不知道。不去追问,又有什么损失呢?"所有人都佩服吕蒙正的度量。

　　【智慧小语】吕蒙正对当众讽刺自己的人,采取置之不理的态度,而不是针锋相对,甚至怀恨在心,打击报复,避免了矛盾激化。作为宰相的吕蒙正却有不记人过的心胸,这样的气度令人佩服、景仰,实在难能可贵!我们从吕蒙正身上,可以学到为人处世的智慧,懂得容人之过的道理。

## 64. 徐湛之先救弟弟

徐湛之是宋朝人,他有个弟弟叫徐淳之。徐湛之一直关心、爱护这个弟弟,处处让着他。徐淳之也很懂事,非常尊敬哥哥,两人感情很融洽。

一次,兄弟两个同坐一辆牛车出去玩。一路上山岗青翠,远处高山起伏,山脚下河流蜿蜒曲折,河水闪闪发亮,美不胜收。周围,刚下过雨的天空碧蓝无云,空气中散发着野花的芳香和泥土的气息,成对的蝴蝶在花丛中自由自在地飞舞,小蜜蜂嗡嗡叫着。徐淳之开心极了,一会儿问问这个,一会儿问问那个,哥哥耐心地给他讲。

正当两人玩得高兴,突然老牛受了惊吓,拉着车狂奔起来。老牛又蹦又叫,车子左摇右晃,一个劲儿颠簸(diān bǒ)。这可把弟弟吓坏了,他使劲儿搂着哥哥,哇哇大哭。徐湛之一开始也吓坏了,但是很快镇静下来,一手牢牢地抓住车轼,一手紧紧搂着弟弟,大声喊:"快来救人哪!救命啊!"路上行人看到一辆牛车狂奔过来,有的赶快躲到一边,有的向牛车跑来,想把牛拽住。

这时候,一位老伯冲上来喊:"救人要紧!"伸手抓住徐湛之要抱他下来,徐湛之赶紧把弟弟推过去,说:"先救他!"弟弟被抱下车,牛车也很快被人们拦住了。徐湛之下了车,赶紧跑去看弟弟有没有受伤。大伙儿见了,都夸他遇事不慌,面对危险先想到别人。

【智慧小语】这是《弟子规》中"兄道友,弟道恭,兄弟睦,孝在中"的典型事例。它告诉我们,哥哥姐姐要友爱弟弟妹妹,弟弟妹妹要懂得恭敬哥哥姐姐,兄弟姊妹相亲,一家人其乐融融,孝道就在其中。

## 65．查道访亲

宋朝有个人叫查（zhā）道，有一天他和仆人挑着礼物去拜访远方亲戚。到了中午，发现忘了带干粮，又找不到吃饭的地方。仆人建议从礼物中拿些食物吃，查道说："这怎么行呢？这些礼物既然要送人，就是人家的东西了，我们怎可偷吃呢！"结果，两个人只好饿着肚子赶路。

走着走着，路旁出现一个枣园。枣树上挂满了熟透的枣子，十分招人喜爱。查道和仆人本来已经饿得发慌，这时更觉得饥饿难耐，便停了下来。查道叫仆人去树上采些枣子来吃。

两人吃完枣，查道拿出一串钱，挂在采过枣子的树上。仆人奇怪地问："这是什么意思？"查道说："吃了人家的枣子，应该

给钱。"仆人说:"枣园的主人不在,别人也没看见,何必这样认真呢?"查道严肃地说:"诚实是人应有的品德,虽然主人不在,也没有别人看见,但我们既然吃了人家的枣子,就应该给钱。"查道挂好钱,带着仆人离开了。

【智慧小语】《弟子规》说:"用人物,须明求;倘不问,即为偷。"意思是说:借用别人的东西,必须当面向主人索求;如果不问一声就随便拿走,那是偷盗的行为。

# 66．程母严慈有方

程母侯夫人，是大中公程珦（xiàng）的妻子，程颢（hào）、程颐的母亲。对公婆尽孝道，治家有规矩、讲家法。性情谦和随顺，尊敬丈夫，即使小事，也报告大中公而后行。从不打奴仆，若见子弟对仆人稍有呵责，必定教训："人的贵贱虽不同，但同样都是人！"待婢仆很宽厚，处处怕伤害他们；而孩子一有过错，小的批评，大的请示大中公，一定要其改过。

她说："子女之所以不孝，都是因为当母亲的隐瞒其过错，父亲不能得知，因而无法及时教训。"程母生了六个儿子，四个夭折，只剩下明道、伊川两兄弟，怎能不视若珍宝？孩子才几岁，走路跌倒，仆人急忙抱扶，程母总是斥责孩子说："你若慢慢走，会跌倒吗？"吃饭的时候，她让孩子坐在自己身边，若孩子要尝名贵的羹，即呵斥制止说："小时处处满足他的要求，长大后怎么得了！"孩子要是与人争执，虽然儿子是对的，她也不袒护："患其不能屈，不患其不能伸。"一个人成就有多高，看他忍耐的功夫有多大，大丈夫应该能屈能伸。所以，二程从小对饮食衣服一点挑剔都没有，也无恶言骂人。长大后，均成为宋代大儒。

**【智慧小语】**《颜氏家训》："上智不教而成；下愚虽教无益；中庸之人，不教不知也。"当子女开始知道观察大人的脸色，晓得大人的喜怒时，就要加强教育，让他做则做，让他不做则不能做。这样，长到几岁就可免受责罚。父母威严而慈爱，子女则敬畏而孝顺。不讲教诲、一味娇惯宠爱的父母，子女常常不孝。

# 67. 不为良相，便为良医

北宋大文学家、政治家范仲淹给后人留下"先天下之忧而忧，后天下之乐而乐"的千古名句，千百年来备受赞誉。

范仲淹幼年很不幸，父亲很早就去世了，家里非常贫穷。他寄宿在一座庙宇里，苦读诗书。每天早上烧好一锅粥，等粥冷了切成四块，早上吃两块，晚上吃两块，就着一点咸菜，解决一天的吃饭问题。这就是历史上"断齑（jī）画粥"的由来。生活如此艰苦，但他毫无怨言，专心读书。

有一天，刚好看到一个算命先生，他问："你看看我以后可不可以当宰相？"算命先生可能从没遇过口气这么大的小孩，说："你口气未免太大了！"范仲淹有点不好意思，接着又问："那你帮我看看，我能不能当医生？"这位先生很好奇，就问："怎么两个志愿差这么大？"范仲淹回答："唯有良相和良医可以救人。"算命先生听完很感动，因为范仲淹念念不忘的是救人，所以，他跟范仲淹讲："你有这颗心，是真正的宰相之心，以后一定会当宰相。"后来，范仲淹果真当上了宰相，为百姓谋利造福。

【智慧小语】范仲淹的胸怀是多么坦荡宽广，他的勤奋、正直、为国为民，激励了一代又一代人。尤其是"先天下之忧而忧，后天下之乐而乐"的先忧后乐的精神，成为一座不朽的丰碑，树立在海内外炎黄子孙的心中，熔铸成中华民族的传统美德，成为中华民族乃至世界人民宝贵的精神财富。范仲淹这位北宋良相，永远值得人们怀念和敬仰！

一百个以孝治家故事

## 68. 画荻教子

欧阳修出身于仕宦家庭,父亲欧阳观是一个小吏。在欧阳修出生后的第四年,父亲就离开了人世,家中重担全部落在欧阳修的母亲郑氏身上。

眼看欧阳修就到上学的年龄了,郑氏一心想让儿子读书,可是家里穷,买不起纸笔。有一次,她看到城外的涡水河畔生长着一大片荻(dí)草,而荻草的茎秆坚韧如木。郑氏突发奇想,用这些荻草秆在地上写字不是也很好吗?便经常把年幼的欧阳修带到河边的沙滩上,折来荻秆作笔,以沙滩为纸,席地而坐,手把手教年幼的欧阳修识字写字。欧阳修听从母亲的教导,用荻秆在地上一笔一画地练习写字,反反复复地练,错了再写,直到写对、写工整为止,一丝不苟。

回家时，郑氏还会折上一大把荻秆，找来一个大木盆，盛上河沙，在家继续教欧阳修写字。

母亲的谆谆教诲以及生活的艰辛，使欧阳修从小就勤奋好学，聪颖过人，所读之书过目不忘。欧母成就了一段"画荻教子"的千古佳话，也为欧阳修日后成为北宋文坛盟主奠定了坚实的基础。

【智慧小语】只有认真学习，才能有所成就。年幼时家境不好，表面看是悲惨的，但对于有志气的孩子来说却不见得是坏事。因为家境的窘迫，会使孩子较早地品尝世态炎凉和生活艰辛，促使孩子早懂事，早立志——穷人的孩子早当家。从现实看，一些富足人家的子弟因为眼前吃不愁、穿不愁，倒是少了许多学习的动力，将来有所成也缺少了思想和性格基础。

# 69．包拯辞官

　　包公少年时便以孝闻名，性直敦厚。宋仁宗天圣五年，即1027年，中了进士，那年他二十八岁。包公先任大理寺评事，后来出任建昌（今江西永修）知县。因为父母年老不愿随他到他乡，他便马上辞去官职，回家照顾父母。他的孝心受到官吏们的交口称赞。

　　【智慧小语】包公能主动辞去官职，说明他并不是那种迷恋官场的人。对父母的孝敬，也堪为今人的表率。以前故事讲得最多的是包公的铁面无私，把包公孝敬父母给忽视了。

# 70．警枕励志

司马光（1019—1086），字君实，号迂叟，卒赠太师、温国公，谥文正，北宋著名的政治家、史学家、文学家。小时候也是个贪玩贪睡的孩子，没少受先生的责罚和同伴的嘲笑。在先生的谆谆教诲下，他决心改掉贪睡的坏毛病。为了早起，睡前喝满满一肚子水，结果早上没被憋醒，却尿了床。聪明的司马光又用圆木做了一个警枕，早上一翻身，头滑落在床板上，自然惊醒。从此，他每天早早地起床读书，坚持不懈，终成学识渊博的大文豪，编纂（zuǎn）了我国最大的一部编年体通史《资治通鉴》。

【智慧小语】学习上遇到各种困难，能主动去解决它，并始终坚持发奋学习，这就是司马光成功的秘诀。任何人想成就一番事业，都离不开刻苦、自觉、自强不息。

# 71. 司马光砸缸

有一次,司马光跟小伙伴们在后院玩耍。院子里有一口大水缸,有个小孩爬到缸沿上玩,一不小心,掉到缸里。缸大水深,眼看快要没顶。别的孩子一见出了事,吓得边哭边喊,跑到外面向大人求救。司马光却急中生智,从地上捡起一块大石头,使劲向水缸砸去。"砰!"水缸破了,缸里的水流了出来,水里的小孩也得救了。小小的司马光遇事沉着冷静,从小就是一副小大人模样。这就是流传至今的"司马光砸缸"的故事。

【智慧小语】和其他小朋友相比,司马光不仅遇事沉着勇敢,而且机智果断。既然无法将人直接从水里救出,就把缸砸破,让水"离开"落水者。小朋友们在遇到危险的时候,首先要冷静,像司马光那样反过来想一想,说不定就能找到最快的解决办法。

# 72. 温公爱兄

司马光一生孝顺父母、友爱兄弟、忠于朝廷。他地位显赫，德高望重，备受推崇。他发乎至诚地友爱、敬重兄弟，更是流传千古。

司马光的哥哥，字伯康，名旦，兄弟俩的感情特别好。司马光退居洛阳时，每次返乡探亲，总会探望兄长。当时伯康已八十岁，司马光也年龄不小，但侍奉兄长就如同侍奉父亲一样尽心尽力。尤其老人家体质羸（léi）弱，消化不佳，为保健康须少食多餐，照顾颇为费神。每次吃完饭不久，温公总会亲切地问哥哥："您饿了吗？要不要再吃点东西？"几乎是时时刻刻地关注，就如同照顾婴儿般无微不至。

季节交替，气候多变，老人最怕的是着凉。所以，天气稍稍转凉，司马光就常常轻抚兄长的背，关切地问道："衣服会不会太薄？会不会冷？"随时注意哥哥的衣服是不是足够保暖。日日嘘寒问暖，兄弟间的情谊自然流露，这是何等地温馨感人！

【智慧小语】人的一生，和兄弟姐妹相处的时间，往往超过父母，故应相互提携照顾，正所谓"同气连枝，骨肉相连"。谚云："一回相见一回老，能得几时为弟兄？"兄弟姐妹间真挚的友爱，弥足珍贵！

# 73. 程门立雪

北宋福建将东县有个叫杨时的进士,特别喜好钻研学问,到处寻师访友。曾求学于洛阳著名学者程颢门下。程颢去世前,又将他推荐到其弟程颐的伊川书院。

杨时那时已四十多岁,学问也相当高,但仍谦虚谨慎,不骄不躁,尊师敬友,深得程颐的喜爱,被视为得意门生,得其真传。

一天,杨时同一起学习的游酢(zuò)去向程颐请教学问,却不巧赶上老师正在屋中打盹儿。杨时劝告游酢不要惊醒老师,两人静立门口,等老师醒来。一会儿,天飘起鹅毛大雪,越下越急。游酢冻得实在受不了,几次想叫醒老师,都被杨时阻拦。直

到程颐一觉醒来,才赫然发现门外的两个"雪人"。程颐深受感动,从此,更加尽心尽力地教杨时。杨时也不负众望,后来回到南方传播程氏理学,且自成学派,世称"龟山先生"。

后人便用"程门立雪"这个典故,来赞扬那些求学师门、诚心专志、尊师重道的学子。

【智慧小语】一个人保持虚心的态度,学习才能不断进步。虚心的同时,还要懂礼貌,遇到不懂的问题,应该请教他人。只有虚心,才会不断进步;只有礼貌,才会得到他人的肯定。

## 74．黄庭坚侍母

北宋著名诗人、书法家黄庭坚，虽身居高位，侍奉母亲却竭尽孝诚。"二十四孝"有一则家喻户晓的故事——涤亲溺器，说的就是他。

黄庭坚禀性至孝，自小侍奉父母极为真诚，无微不至。因为母亲有洁癖，受不了溺器的异味，所以他每天亲自倾倒并清洗，数十年如一日。即使日后身为朝中显贵，也未尝丝毫轻忽。尽管仆从甚多，大可不必亲自动手，但他认为，孝事父母是为人子女该做的事，不可以委托他人，这与当不当官没什么关系。

当母亲病危,黄庭坚更是衣不解带,日夜侍奉在病榻前,亲自熬制汤药,没有一刻未尽到人子的孝道。苏东坡赞叹道:"瑰伟之文,妙绝当世;孝友之行,追配古人。"他的文章瑰伟,气韵超然,无可比拟;而他孝顺父母、友爱兄弟的情操,可以媲美古人。

【智慧小语】自古以来,上至国家君王,下到平民百姓,都以孝敬父母为修身立德的根本。今天随着客观环境的发展变化,人们往往因为所谓的忙,而过多依赖外在的物质条件,甚至将孝道"代理"出去。然而,当我们用大把的钞票或用人,取代我们去孝敬父母时,可曾想到:倘若父母在我们小的时候,也把对我们的那份慈爱与呵护代理出去,今天的我们会不会有如此健康的身心呢?忆古思今,黄庭坚能够效法古圣先贤的德行,不受外界环境影响,恪尽孝道,至诚孝事父母,相信今天的我们,同样能够曲承亲意,力行孝道,给父母安康幸福的晚年。

# 75. 弃官寻母

朱寿昌，宋代天长人。七岁时，生母刘氏被嫡母（父亲的正妻）嫉妒，不得不改嫁他人，五十年母子音信不通。神宗时，朱寿昌在朝做官，刺血书写《金刚经》，行走四方寻找生母。得到线索后，决心弃官到陕西寻找，发誓不见母亲不复还。后来，终于在陕州找到生母和两个弟弟，母子欢聚，并一起返回。这时，母亲已经七十多岁了。

【智慧小语】对我们来说，孝敬父母，回报父母，不必像朱寿昌那样极端。只要在平时多注意从身边小事做起，从一点一滴做起，就完全可以尽到我们的孝敬之心。

# 76. 岳飞敬师孝母

岳飞从小孝顺父母,七岁就帮父亲下地干农活儿,并在父亲的指点下刻苦读书,熟读《孙子兵法》,并爱好武艺。他身体健壮,十八岁就能拉三百斤的大弓。

当时金兵入侵辽国,窥视中原,岳飞发誓练成本领,杀敌报国。一天,听说汤阴县有一位叫周侗的老人,武艺高强,尤其擅长弓箭,他就前去要拜周侗为师。

周侗问:"年轻人,你学箭法干什么?""学了箭法就能驰骋疆场,保卫国家。"岳飞抬起头来精神抖擞地回答。周侗见站在面前的这个孩子志向远大,心中十分喜爱,当即便收了这个徒弟。岳飞在周侗的传授下,很快学得一手好箭法。不久,周侗去世,岳飞十分难过,每逢初一、十五,都要置备一些酒肉,到蒙师坟前祭奠。他没有钱,就把身上的衣服当了买供品。父亲看到儿子敬师的行为,觉得儿子已长大成人,到了报效国家的时候。岳飞也早有此意,并约好张宪、牛皋几位兄弟去往东京。

岳飞离家前对母亲说:"孩儿这次去东京,以后不能侍奉母亲了,请母亲给我背上刺几个字吧!"说完,岳飞脱了上衣跪下。岳母含泪在儿子背上刺了"精忠报国"四个大字。

从此,岳飞走上了报国之途。十多年的沙场鏖(áo)战,屡建奇功,成为一代抗金名将。

【智慧小语】岳母刺字,世代流传。精忠报国,激励后人。一代名将,为人师表。敬师孝母,精神永存。

## 77. 五箭训子

成吉思汗的父亲是部落首领，在一次纷争中被人杀害了。成吉思汗的母亲只好带着几个年幼的孩子，流浪在茫茫草原上，忍饥挨饿，备受煎熬。她把美好的希望寄托在儿子成吉思汗身上。

对于一个弱小的民族来说，团结是关系到存亡的大问题。成吉思汗之前的蒙古如一盘散沙，混战不休，成吉思汗的母亲诃额仑夫人为了教育孩子，经常讲自己的母亲教育孩子们要团结的故事。她说："记得有一天，你们的外婆阿兰豁阿看到五个儿子不团结，便拿出五支箭，让五个儿子分别去折，他们很容易就折断了。后来，她又拿了五支箭，捆成一束，让他们折，结果谁也折不断。这时，外婆对她五个儿子说：'要知道最好的摔跤手，也敌不过人多；最好的马，也经不起百条鞭子抽打。只有团结起来，握成一个拳头，才有力量，才能战胜敌人！'"

在母亲的教育下，成吉思汗牢记"一箭易折，五箭难断；五子团结，强敌必败"，后来成了世界史上杰出的政治家、军事家。

【智慧小语】一个生活在蛮荒年代、不懂得哲理为何物的女性，竟以这样绝妙的方式诠释了一条永恒不朽的人生真谛，太伟大了！

## 78. 梨树无主,我心有主

怀州河内(今河南沁阳)人许衡,品行高洁。在他小的时候,正是蒙古灭金、灭宋的战乱年代。一个炎热的暑天,许衡和一些人逃难经过河南的河阳县,一路上没水喝,嗓子直冒烟。突然,他们发现前面路上有一棵梨树,上面硕果累累,同伴们争先

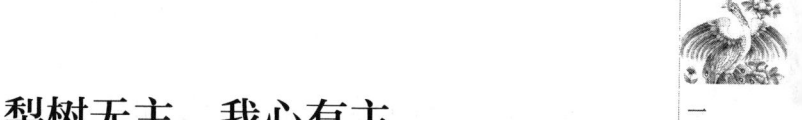

恐后地跑去摘梨吃。唯独许衡端坐树下看书,像不知道有梨一样。有个同伴劝他说:"这梨刚熟,甘甜可口,吃了真解渴,你怎么不摘个来吃?"许衡答道:"这梨树不是我家所有,不能随便摘人家的东西。"同伴说:"兵荒马乱,百姓死的死逃的逃,这树是没有主人的。不用担心,快吃吧!"许衡说道:"梨树无主,我心有主。"结果,他一个梨也没吃。

【智慧小语】许衡的做法乍看迂腐,实则非常难得。面对诱惑不动心,身不被物役,心不被金迷,看起来容易做起来难,并不是随随便便就可以做到的。这是一种难得的定力,没有一定的精神支柱,没有良好的心态,没有高超的修养,是很难坚持的。

## 79. 郑濂碎梨

明代有位大臣叫郑濂（lián），他们家族七代同堂，有一千多口人居住在一起，相安无事。皇帝听了很欢喜，御赐一块"天下第一家"的匾额。此外，又送了他两个大水梨，还派锦衣卫跟在后面，看看他如何分梨。郑濂回去，不慌不忙，吩咐运来两个

大水缸，一边放一个梨，然后把梨捣碎，让梨汁流到水缸里，和水混合在一起。然后说："来，每人喝一碗。"如此，大家都觉得非常公平。子孙中比较亲近的，肃然起敬，比较疏远的，也非常佩服和崇敬。可见，公平是治家的第一重要条件。

【**智慧小语**】郑濂是一个非常有智慧的人，懂得如何治家，懂得大公无私，也懂得怎样持家才能做到公平。公平，人心就平，心平就和，和谐安乐，和乐融融。

# 80．忠孝双全沈云英

明朝时，湖南道州守将沉至绪，有一个独生女儿，名叫沈云英。自小聪明好学，跟父亲学得一身好武艺。其父率兵迎击敌军死在战场上，当时沈云英才十七岁，她登上高处大声呼告："我虽然是一个小女子，但为完成父亲守城的遗志，我要决一死战！希望全体军民保卫家乡。"大家深受感动，齐心协力，共同对敌，很快解除了包围，取得了胜利。沈云英找到父亲的尸体，大声痛哭，全体军民都穿上孝服，参加了葬礼。朝廷下令追封沉至绪为副总兵，并任命沈云英为游击将军，继续守卫道州府。后来，人们为她建了一座忠孝双全纪念祠。有诗颂曰："异军攻城围义兵，娥眉汗马解围城。父仇围难两湔雪，千古流芳忠孝名。"

【智慧小语】沈云英一孝在心，激发出万将难敌的力量和勇气，仅率十余骑冲入敌营，既抢出父尸又解了道州之围。对父尽了孝，于国尽了忠，可谓忠孝两全，万世敬仰。

# 81. 劝姑孝祖

明朝时,浙江绍兴山阴有户姓杨的人家,娶了一个妻子名叫刘兰姐。年仅十二岁,却很明事理,对家人十分恭敬殷勤。

婆母王氏动不动就冒犯长辈,经常骂祖母"老不死",将其视为包袱,言词十分粗野。一天深夜,刘兰姐来到王氏的卧室长跪不起。王氏大吃一惊,问其缘故。刘兰姐说道:"儿担忧婆母不敬太婆母,日后媳妇将视为榜样,待您老了,也把您视为包袱,那时您会多么伤心啊!太婆母长命百岁是我家的大幸,恳求您三思而行呀!"王氏恍然大悟,边流泪边叹气说:"良言使我受益不

浅啊！"之后痛改前非，对待祖母温柔恭顺。而刘兰姐对待王氏亦如此。正是："二六女儿明大义，看姑骂祖逆亲意。入房跪劝悔前非，示范儿孙行孝字。"

【智慧小语】一对好父母，抵得上一百个教师。孩子总会情不自禁地模仿他所看到的，大人的行为方式、体态姿势、说话办事、习惯品格都让孩子感到新奇。教育孩子，让孩子有好的思想品质和道德行为，这是孩子走向社会，求生存、求发展的第一要素。家庭是教育孩子如何做人的地方，父母则是示范者和榜样。

# 82. 陆陇其教人行孝

陆陇其素以孝闻名。据说父亲去世，他正在京城考试，一听到消息，立刻赤足步行往家赶。到了家里，日夜哭泣，每天也不入内室，只是席地而卧。

他在灵寿当知县的时候，为政清简，深得人民爱戴。有一天，一位老妇人告她的儿子不孝，那是一个二十岁左右的青年。陆陇其对老妇人说："我还没有仆人，你的儿子可以暂时来帮忙。如果找到合适人选，我就给他施用杖刑，然后遣送回家。"

从此，这个青年每天侍奉在陆陇其左右。每天早晨，陆陇其都恭候在自己老母的门外，等母亲起来了，照应着母亲洗漱、吃早饭。午饭时间，他在旁边服侍着，时常逗母亲开心；母亲吃完了，他才吃剩下的东西。晚饭也是这样。如果有点空余，他就陪母亲说笑，讲些故事让母亲高兴。母亲稍有不适之感，他立刻找医生，买药煎药，几夜不睡也不知道累。

这样过了几个月，这个青年跪在陆陇其面前，请求回家看望母亲。陆陇其问："你不是跟母亲不和？为什么还要看她呢？"年轻人哭着说："过去我不懂事，对母亲不好，现在好后悔啊！"

陆陇其让母子相见，两人抱头痛哭。青年跟母亲回家，与以前判若两人，后因孝顺在乡里闻名。

**【智慧小语】**陆陇其真是太厉害了！他竟然用无声胜有声的方法教育了这个忤逆的孩子，让他重新孝顺自己的母亲。有句谚语说得没错："说得好不如做得好，榜样的力量是无穷的。"

# 83．六尺巷

清朝安徽桐城有一个著名的家族，父子两代为相，权势显赫，这就是张英、张廷玉父子。清康熙年间，张英在朝廷任文华殿大学士、礼部尚书。

老家桐城的老宅与吴家为邻，两家府邸之间有个空地，供双方来往交通使用。后来吴家建房，要占用这个通道，张家不同意，双方将官司打到县衙。县官考虑纠纷双方都是名门望族，不敢轻易了断。

在这期间，张家人写了一封信给在北京的张英，要求张英出面，干涉此事。张英收到信件后，认为邻里应该谦让，回信中写了四句话："千里修书只为墙，让他三尺又何妨？万里长城今犹在，不见当年秦始皇。"家人阅罢，明白其中意思，主动让出三尺空地。吴家见状，深受感动，也让出三尺房基地，这样就形成一个宽六尺的巷子。两家礼让之举和张家不仗势欺人的做法，传为美谈。

【智慧小语】人与人相处，只要多一分谦让，多一分宽容，矛盾面前只要心胸宽阔，干戈能化为玉帛。

## 84. 笨小孩曾国藩

晚清名臣曾国藩，少年时期十分愚笨。盛夏的一个晚上，他的书房来了小偷，正在翻箱倒柜找东西，恰好，曾国藩从私塾回来。小偷听见脚步声，赶紧藏到床底下。曾国藩推门进来，开始复习当天学过的内容，特别是有篇文章，虽然不长，但是怎么也背不下来。曾国藩很执着，虽然已经学到了后半夜，但还是没有睡觉的意思，反复地洗脸，然后回到座位接着背。这可苦了床底下的小偷，他本想等曾国藩睡觉后，出来再拿一点东西就走。但是，听曾国藩读文章的劲头，好像这晚不睡了。炎热的夏天，他在床底下满头是汗。

小偷耐着性子，听曾国藩又读那篇文章几百遍，还是背不下来，实在控制不住，便从床底下爬出来，抢过曾国藩手中的书摔在地上，吼道："就你这么笨，还读什么书？我在床底下听都听会了。"说完，很流利地把曾国藩背了大半夜还没有背下来的文章，一字不差地背诵下来，然后扬长而去。

曾国藩直直地看着小偷，羞愧难当。从此，更加努力学习。勤能补拙，最终成为德才兼备、智勇双全的一代名臣。

【智慧小语】有种说法叫"做官要学曾国藩，经商要学胡雪岩"，可很多人学来学去，学的还是"术"，而非"道"。要真学曾国藩，请先学他这种肯下笨功夫的韧劲和恒心，请先学他以诚敬立身、克己复礼的修身功夫。离开这个根本原则，其他种种均系枝杈和末流。

# 85．鲁迅孝母的故事

鲁迅的母亲是一位饱受痛苦的女性。三十一岁时，唯一的爱女端姑病死；三十七岁时，丈夫又一病不起，两年后不幸去世。从此，陷入悲哀与愁苦之中。

社会的黑暗，家境的败落，使鲁迅饱尝世态炎凉。处在长子地位，鲁迅从少年起就分担了母亲的重任。鲁迅曾对人说："阿娘是苦过来的！"因此，他一生对母亲都极为恭顺、孝敬。

鲁迅工作以后，首先在生活上给母亲以关心和照顾，尽量使母亲过得舒适、安乐一些。他在北京与母亲同住期间，虽然工作忙、时间紧，但为了不让母亲感到寂寞，每天晚饭后都要到母亲房间与她聊天。平时，鲁迅在出门前，总要先到母亲那里转一转，说声："阿娘，我出去哉！"回来后，也一定到母亲那里说声："阿娘，我回来哉！"还时常带回些母亲喜欢吃的小食品。

鲁迅不但让母亲饮食可口，也尽量让母亲住得舒适。经济上并不宽裕的他，向别人借钱，在北京西三条胡同为母亲买了一所住宅。母亲有时身体不适，鲁迅总是亲自陪着到医院诊治，亲自挂号、取药。后来，他因工作需要离京南下，每月按时给母亲寄百元生活费，从不短缺。

除物质生活外，鲁迅在精神生活上对母亲也是体贴入微、关怀备至的。《西厢记》《镜花缘》等优秀绣像小说，多半是根据母亲的爱好买来的，用以满足老人对文化生活的需要。

鲁迅的好友寿裳曾经说过："鲁迅的伟大，不但在创作上可以见到，就是对待母亲的起居饮食和琐屑言行之中，也可见其

典范。"

【智慧小语】厄运降临时,孝心固然显得十分珍贵,但日常生活中,对父母的关心照料,处处为他们着想,也是一种最普遍、最实在的孝敬行为。父母将儿女养大,儿女为父母养老,这是中国的传统,是人间最重要的伦理关系。这个传统,不能丢!

## 86．宋庆龄守诺言

新中国诞生后，有一天，宋庆龄副主席要到一幼儿园去看望孩子们。谁知到了那一天，天气骤变，飞沙走石。大家纷纷议论："宋副主席可能不会来了。""也许，风停了再来……"正在这时，只听大门外汽车喇叭声鸣，宋奶奶冒着漫天的沙尘来了。幼儿园老师很感动，一位老师歉疚地说："天气不好，您就改个日子再来嘛！"宋副主席摇了摇头，认真地说："不，我不能失信，我应该遵守诺言。"

宋庆龄从小就注重养成遵守诺言的美德，答应的事，一定去做，从不失信。一个星期天，一家人用过早餐，准备到一位朋友家做客。小庆龄跟着爸爸妈妈刚走出门，突然想起上午好朋友小珍要来跟她学叠花篮，于是停住了脚步。父亲问小庆龄为什么站在那里不动，小庆龄说出原委。父亲说："没关系，明天你到小珍家里教她。"小庆龄为难地说："不行，我们已经约好了，不见不散。我走了，会让她失望的。"姐姐说："小珍不会怪你的，明天见到小珍，解释一下就行了。"可是，小庆龄仍然站在那儿不动："爸爸说过，做人要信守诺言。如果我忘了，明天见到她，可以道歉；可是现在我想起来了，我就得在家里等她，不然就不守信用。"

宋庆龄从小养成的诚实善良的品格一直伴随她一生。她是中国"革命先行者"孙中山的妻子，孙中山先生去世后，她一直坚持自己的政治立场。虽然孙中山创立了国民党，但是蒋介石统治下的国民党已经腐败，背离了孙中山创立的宗旨。宋庆龄站在共

产党一边,为中国革命事业作出重大贡献,被尊称为"国母"。

【智慧小语】某些情况下,我们也许会发现,信守承诺使自己吃亏。这时,千万不要太在意,以至不再信守承诺。因为吃亏只是暂时的,我们应该考虑得更长远一些。长远来看,吃亏会给我们的事业带来积极影响。

# 87. 我代表我的祖国

现代著名画家徐悲鸿（1895—1953）年轻时曾留学欧洲，学习西方的绘画艺术。其间，为了祖国的尊严，为人温和谦逊的他亲自向一个洋学生挑战。

20世纪20年代，中国留学生在国外不仅经济上困难，政治上也备受歧视。一个洋学生看不起徐悲鸿，甚至公然对徐悲鸿说："中国人愚昧无知，生就当亡国奴的材料，即使把你们送到天堂去深造，也成不了才。"

这种放肆的挑衅，深深激怒了怀有满腔爱国热血的徐悲鸿，他严肃地对那个洋学生说："那好，我代表我的祖国，你代表你的国家，等学习结业时，看到底谁是人才，谁是愚材！"

徐悲鸿怀着为我中华民族争光、为中国人争气的决心，发奋努力，埋头于学业。他经常到卢浮宫、凡尔赛宫等巴黎各大博物馆临摹世界名作，一去就是一整天，不到闭馆的时间不出来。世上无难事，只怕有心人。通过刻苦学习，徐悲鸿进入巴黎国立高等美术学校的第一年，他的油画就受到法国艺术家弗拉蒙先生的好评。接着，在一次竞赛中，他又获得第一名。1924年，徐悲鸿的油画《远闻》《怅望》《箫声》《琴课》等在巴黎展出，轰动了巴黎美术界。

而此时，那个趾高气扬、歧视中国人的洋学生，已是望尘莫及，只得乖乖地承认自己不是对手。

**【智慧小语】**这个故事不仅赞美了大师徐悲鸿的爱国情怀，还向我们说明了一个道理，那就是：人要有骨气，不要因失败就向别人投降；人要有骨气，永不低头；人要有骨气，永不放弃，达不到目的不轻易说放弃；人要有骨气，被别人取笑，不要理会，不要放弃自己的目标！

## 88．朱自清不吃嗟来之食

我国著名散文家朱自清教授，晚年身患严重的胃病。他每月的薪水仅够买3袋面粉，全家12口人吃都不够，更无钱治病。

当时，国民党勾结美国，发动内战，美国又执行扶助日本的政策。一天，吴晗请朱自清在"抗议美国扶日政策并拒绝领美援面粉"的宣言书上签名，他毅然签了名，并说："宁可贫病而死，也不接受这种侮辱性的施舍。"

1948年8月12日，朱自清贫病交加，在北京逝世。临终前，他嘱咐夫人："我是在拒绝美援面粉的文件上签过名的，我们家以后不买国民党配给的美国面粉。"

朱自清一身重病，宁可饿死也不领美国的"救济粮"，体现了中国人的骨气。"贫贱不能移"在朱自清身上体现得淋漓尽致，这不仅是高贵人格的表现，更是国格的表现。

【智慧小语】朱自清宁可饿死，也不领带有侮辱性的"救济粮"，这是一种赤诚、勇敢、伟大，充分体现了他的爱国情操和高贵人格。

# 89. 周总理勤俭节约

周总理勤俭节约的故事，妇孺皆知，一直以来被传为美谈。总理一贯倡导勤俭建国、艰苦奋斗，要求"一切招待必须是国货，必须节约朴素，切忌铺张华丽，有失革命精神和艰苦奋斗的作风"。总理饮食清淡，每餐一荤一素，吃剩的饭菜要留到下餐再吃，从不浪费一粒米、一片菜叶。

国务院经常召开国务会议，会议过午还不能结束，食堂便做了工作餐。总理规定工作餐标准是"四菜一汤"，饭后每人交钱交饭菜票，谁也不准例外。总理吃完饭，总会夹起一片菜叶把碗底一抹，把饭汤吃干净，最后才把菜叶吃掉。吃饭时，偶尔掉在桌上一颗饭粒，马上拾起来吃掉。有人对他如此节俭感到不解，总理说："这比人民群众吃得好多了！"

三年困难时期，总理和全国人民同甘共苦，带头不吃猪肉、鸡蛋，不吃稻米饭。一次，炊事员说："您这么大年纪了，工作起来没黑天白日的，又吃不多，不要吃粗粮了！"总理说："不，一定要吃。吃着它，就不会忘记过去，就不会忘记人民哪！"

【智慧小语】周总理就是这样处处严格要求自己，为党的干部，特别是高级干部发扬勤俭节约的优良作风做了表率，不愧是人民的好公仆。虽然周总理已经永远地离开了我们，但他留给我们勤俭节约的精神，值得每一位青少年学习并发扬光大。

## 90．陈毅孝母

陈毅是中国人民解放军的创建者和领导者之一，也是中华人民共和国十大元帅之一。陈毅还是一个非常孝敬父母的好儿子。

陈毅元帅每天都有繁忙的公务在身，却不忘家中的老母亲，在百忙中抽空去探望已经身患重病的老母亲。陈母瘫痪在床，大小便不能自理。看见儿子进了家门，母亲非常高兴，刚要向儿子打招呼，忽然想起换下来的尿裤还在床边，于是赶紧示意身边的人把尿裤藏到床下。

陈毅见了母亲，心里很激动，握住母亲的手，关切地问长问短。过了一会儿，他对母亲说："娘，我进来的时候，你们把什么东西藏到床底下了？"母亲知道瞒不过去了，只好说出了实情。陈毅听了，忙说："娘，您久病卧床，我不能在身边伺候，心里非常难过，这裤子应当由我去洗，何必藏着呢？"

这时，旁边的人连忙把尿裤拿出来，抢着去洗。陈毅急忙挡住他们，动情地说："娘，我小时候，您不知为我洗过多少次尿裤，今天我就是洗上10条尿裤，也报答不了您的养育之恩！"说完，把尿裤和其他脏衣服都拿去洗得干干净净，母亲欣慰地笑了。

【智慧小语】虽然陈毅元帅为母亲所做的只是一些平常得不能再平常的小事，但从这些平常的小事，我们可以看出他对母亲浓厚的爱。他不忘母亲曾为自己付出的点点滴滴，理解母亲的艰辛和不易，知道报答母亲的养育之恩。他的一片孝心，值得天下所有儿女学习效仿。

# 91. 沈从文知错就改

有一天上午,沈从文从课堂溜出来,一个人跑到村子里去看戏。那天木偶戏演的是《孙悟空过火焰山》,沈从文看得眉飞色舞,捧腹大笑。一直看到太阳落山,才恋恋不舍地回了学校。这时,同学都已放学回家了。

第二天,沈从文刚进校门,老师就严厉地责问他为什么旷课。他羞红着脸,支支吾吾答不上来。老师气得罚他跪在树下,并大声训斥道:"你看,这楠木树天天往上长,而你却偏偏不思上进,甘愿做一个没出息的矮子。"

第三天,老师又把他叫去,说:"大家都在用功读书,你却偷偷溜去看戏。昨天我虽然羞辱了你,可这也是为了你好。一个人只有尊重自己,才能得到别人的尊重。"老师的一番话,使沈从文感动得流下了眼泪。他暗暗发誓,一定记住这次教训,做一个受人尊重的人。此后,沈从文一直严格要求自己,长大后成了著名的作家。

【智慧小语】不要因为兴趣爱好耽误学习,要合理安排学习与兴趣爱好的时间。这样,才能受人尊重。

# 92．许世友忠孝传家

许世友将军是一位大孝子，一生中诸多行动无不与孝相联系。他八岁入少林习武，是为了减轻家庭的负担，替父母分忧，小小年纪远走他乡是出于孝。八年后，他听说母亲病重，心急如焚，冒着生命危险打出少林也是出于孝。就连他提出回家土葬的要求，也还是出于孝。他向毛主席阐述要求土葬的理由就是"活着为国尽忠，死后为母尽孝，回老家土葬在母亲身边，为母亲守坟"。后来，他在给儿子的信中也反复阐述"当兵三年无孝子"，他当了一辈子兵，没能好好侍奉母亲，死后要回老家土葬为母守坟，还是一个"孝"字萦绕在心中。

最为大家传颂的是他"三跪慈母"的故事。一跪慈母，那是1932年10月红四方面军面对敌人的重重围剿，即将实施战略转移的前夜。他冒险赶回家中，拜别母亲。他跪在母亲的面前，说："儿此去不知何年能归，希望母亲保重身体。"并将照顾母亲的重任交给了自己的结发妻子朱锡明。这一别，就是十七年。

1949年11月，解放战争仍在进行中，新生的政权工作千头万绪，十分繁忙。已任山东军区司令员的许世友刚刚有了一个稳定的住处，就立即派人回到家乡寻找母亲，并将母亲接到济南。当晚，他在客厅端端正正地放下一把椅子，向母亲跪拜说："娘，您受苦了！"这是二拜慈母。他还让母亲从此留在他身边安享晚年，可勤劳、善良、深明大义的许母一不愿意耽误儿子工作，二不愿意过"衣来伸手，饭来张口"的日子，两个月后，坚决要求回到家乡。这一别，又是十一年。

以孝治家 家风家教宝典

1958年，许世友借到大别山检查战备的机会，向军委请假回家探母。那是一个黄昏，许世友走向自己的老家，门上别着一根柴棍，他知道母亲又外出劳动了，就沿着村旁的小路去寻找母亲。夕阳中，他远远看着母亲背着一捆柴火蹒跚地从山道中走来，他慌忙迎上几步，扑通一下跪在母亲面前，哽咽着喊道："娘，不孝的儿子回来看您了。"这时的许世友，已是一员上将，是中国人民解放军副总参谋长、南京军区司令员，在党和军队中已是一位高级领导人，但他在母亲面前，始终以一个儿子的面目出现。这是他第三次跪慈母。他的这一跪，感动了许多乡亲。后来，人们把他寻母的小路取名"孝母路"。有人写诗赞叹："中华

文明古，百善孝为先。徘徊孝母路，几人能坦然。"许世友孝母感染了许多人，教育了许多人。

不仅如此，许世友还把这种孝道的精神传承给了自己的儿子、孙子，成为许门家风。1965年春，母亲已是95岁高龄，许世友因为身负的责任重大，无法回家照顾母亲，就把已是北海舰队舰长的儿子许光叫到跟前，让儿子回家照顾奶奶。面对自己大好的前程，许光还是理解了父亲尽孝的心愿，答应了父亲的要求，毅然回到新县，扛起了替父行孝的责任。

半年后，许母辞世。许光本来有机会重返部队，但他此时更加理解父亲不仅是让他回来孝敬奶奶，他还看到父亲许多战友的父母也需要照顾，又毅然留了下来，实践了中华民族"老吾老以及人之老"的孝道精神。之后，许光就一直生活、工作在新县，直至2013年去世。

【**智慧小语**】自古忠孝两难全，然而许世友将军和许光同志这对父子，造就了一段精忠报国与孝老爱亲两不误的历史佳话。

# 93．董存瑞舍身为国

　　董存瑞，1929 年生，河北怀来县人，出生于贫苦农民家庭。他当过儿童团团长，十三岁时，曾机智地掩护区委书记躲过侵华日军的追捕，被誉为"抗日小英雄"；1945 年 7 月参加八路军，后任某部六班班长。

　　1948 年 5 月 25 日，我军攻打隆化城的战斗打响。董存瑞所在连队担负攻击国民党守军防御重点隆化中学的任务。董存瑞任爆破组组长，带领战友接连炸毁 4 座炮楼、5 座碉堡，顺利完成

规定的任务。

连队随即发起冲锋,但突然遭敌一隐蔽的桥型暗堡猛烈火力的封锁。部队受阻于开阔地带,二班、四班接连两次对暗堡爆破均未成功。这时,董存瑞挺身而出,向连长请战:"我是共产党员,请准许我去!"他毅然抱起炸药包,冲向暗堡。前进中左腿负伤,但顽强坚持冲至桥下。

由于桥型暗堡距地面超过身高,两头桥台又无法放置炸药包,危急关头,他毅然决然地用左手托起炸药包,右手拉燃导火索,高喊:"为了新中国,冲啊!"碉堡被炸毁,董存瑞以生命为部队开辟了前进的道路,牺牲时年仅十九岁。

【智慧小语】没有先烈们的抛头颅、洒热血,就没有今天的幸福生活。忆起英雄,想起英雄,生活在21世纪的我们,有什么理由不好好珍惜当下这幸福日子呢?

## 94. 刘胡兰英勇就义

刘胡兰别名富兰，山西省文水县云周西村人，1932年10月8日出生于一个贫苦的农民家庭。从小接受党的教育，积极参加革命斗争，成为一名抗日游击队队员。1946年，年仅十四岁就被吸收为中共候补党员。1947年1月12日，她在山西军阀阎锡山的军队突然袭击云周西村时被捕。在敌人的威胁面前坚贞不屈，大义凛然："只要有一口气活着，就要为人民干到底。怕死不当共产党员！我死也不'自白'，绝不投降。"阎军计穷，将同时被捕的六个农民当场铡死，但她毫不畏惧，从容地躺在铡刀下，壮烈牺牲。毛主席为她题词："生的伟大，死的光荣。"

【智慧小语】在新时期，刘胡兰精神概括来讲就是四句话十六个字：坚定信念，不屈不挠，敢于担当，勇于奉献。

## 95．雷锋的故事

从 1961 年开始，雷锋经常应邀去外地做报告，出差机会多了，为人民服务的机会就多了。人们流传着这样一句话："雷锋出差一千里，好事做了一火车。"

一次，雷锋在沈阳站换车，一出检票口，发现一群人围着一位背着小孩的中年妇女。原来这位妇女从山东去吉林看丈夫，车票和钱丢了。雷锋用自己的津贴费买了一张去吉林的火车票塞到大嫂手里，大嫂含着眼泪说："大兄弟，你叫什么名字？是哪个单位的？""雷锋说："我叫解放军，就住在中国。"

5 月的一天，雷锋冒雨去沈阳。为了赶早车，早晨五点多就起来，带了几个馒头披上雨衣就上路了。路上，他看见一位妇女背着一个小孩，还领着一个小女孩，也正艰难地向车站走去。雷锋脱下身上的雨衣披在大嫂身上，又抱起小女孩，陪她们一起来

到车站。上车后,见小女孩冷得发颤,又把自己的贴身线衣脱下来给她穿上。估计她们早上也没吃饭,就把自己带的馒头给她们。火车到了沈阳,天还在下雨,雷锋又一直把她们送到家里。那位妇女感激地说:"同志,我可怎么感谢你呀!"

过年是服务和运输部门最忙的时候,雷锋叫上同班的几个同志,一起请假直奔附近的瓢儿屯车站。这个帮着打扫候车室,那个给旅客倒水,雷锋把全班都带动起来了。雷锋就是选择永不停息、全心全意地为人民做好事,难怪人们一见到为人民做好事的人就想起雷锋。

【智慧小语】向雷锋学习,就是要践行雷锋精神。而雷锋精神是在实践中不断丰富和发展着的革命精神,其实质和核心是全心全意为人民服务,为了人民的事业无私奉献,它已经成为我们这个时代精神文明的同义语、先进文化的表征。周总理把雷锋精神全面而精辟地概括为"爱憎分明的阶级立场、言行一致的革命精神、公而忘私的共产主义风格、奋不顾身的无产阶级斗志"。

# 96. 好干部楷模孔繁森

孔繁森，生于 1944 年 7 月，山东聊城人，孔子第 74 代孙。

1988 年，孔繁森在母亲年迈、3 个孩子尚未成年、妻子体弱多病的情况下，根据组织需要，克服重重困难，第二次进藏工作。进藏后，孔繁森担任拉萨市副市长，分管文教、卫生和民政工作。

到任仅 4 个月，他就跑遍了全市 8 个县区所有的公办学校和一半以上的村办小学，拉萨的适龄儿童入学率从 45% 提高到 80%；全市 56 个敬老院和养老院，他走访了 48 个，给孤寡老人送去了党和政府的温暖；为了结束尼木县续迈等 3 个乡群众易患大骨节病的历史，他几次爬到海拔近 5000 米的山顶水源处采集水样，帮助群众解决饮水问题；了解到农牧区缺医少药的情况，精通医术的孔繁森，每次下乡都特地带一个医疗箱，买上数百元的常用药，送给急需的农牧民，帮他们治病。

一次，有位 70 多岁的藏族老人肺病发作，浓浓的痰堵住了咽喉，生命垂危。在没有医疗器械的情况下，孔繁森就用听诊器的胶管将老人的痰一点一点地吸出来，救了老人的命。

还有一次，孔繁森到拉萨市林周县阿朗乡敬老院看望孤寡老人。走进一个房间，他看到藏族老阿爸的脚因烫伤溃烂发炎了，便打开随身携带的药包，为老人擦洗涂药，又轻轻地用纱布包扎好，还把自己穿的灰色风衣脱下来送给老人。临走时，又掏出身上仅有的 30 多块钱塞到老人手里，老人感动得直掉眼泪。

1992 年，孔繁森在羊日岗乡的地震废墟上，领养了 3 名藏族

以孝治家 家风家教宝典

孤儿——12岁的曲尼、7岁的曲印和5岁的贡桑。孔繁森既要照管他们的日常生活，夜里还要同孩子们挤在一张大床上睡觉。年幼的孩子常在夜里尿床，他就不厌其烦地洗换床单。节假日只要有空，就带上他们逛公园、逛商店，给他们买衣物。

每次下乡，总是不忘带些钱给生活困难的乡亲，往往一月刚过半，工资就花光了。他自己经常吃榨菜拌饭，却不愿让孩子和他一样受罪，钱不够怎么办？他就献血换钱，给孩子添补营养。

1994年11月29日，他在完成工作任务返回阿里途中，不幸发生车祸，以身殉职，时年50岁。人们在料理他的后事时，看

到两件遗物：一是他仅有的 8 元 6 角钱；一是他去世前 4 天写的关于发展阿里经济的 12 条建议。这就是孔繁森留下的仅有的遗产。

在孔繁森的葬礼上，悬挂着一副挽联，形象地概括了他的一生，也道出了藏族人民对他的怀念："一尘不染，两袖清风，视名利安危淡似狮泉河水；两离桑梓，独恋雪域，置民族团结重如冈底斯山。"

【智慧小语】孔繁森精神：求真务实，吃苦在前，不谈享受，以民为本，甘做人民的孺子牛。

# 97. 张海迪的故事

在祖国的大地上，一位瘫痪姑娘谱写的高昂生命之歌，震撼了亿万青年的心灵，她就是"八十年代的新雷锋""当代的保尔"——张海迪。

张海迪的命运是不幸的，五岁时，就得了硬脊膜外血管病变。此后的十六年，先后动过四次大手术，摘除了六块脊椎板，从胸部以下全部瘫痪。在同龄的孩子无忧无虑地玩耍、不开心了埋进妈妈怀里时，她小小年纪却不得不以轮椅作为代步工具。但她没有沮丧，而是以顽强的毅力向命运挑战。

每次手术后，甚至连坐轮椅都成了奢望，只能一动不动地躺在床上，但这样的小海迪依然保持着坚强乐观。床边有一个大立柜，柜子上镶嵌了镜子，她就利用镜子的反射看书。虽然没机会走进校门，但凭借顽强的毅力自学完了小学、中学全部课程。

张海迪并不满足，开始自学英语这门国际上举足轻重的语言。张海迪给自己制订了一个计划，每天一定要背十个单词。如果完不成任务，她就狠狠地咬一下自己的手指头作为惩罚。

有一次，她从医院做检查回来，已经虚脱得眼皮子都抬不起来了，但是依旧强撑着精神背完了十个单词。就这样，张海迪不但学会了英语，还成功翻译了《海边诊所》等英文作品。当她被家人用轮椅推到出版社，捧着厚厚的翻译稿呈现给编辑的时候，出版社所有人都被这种不屈服于命运的精神所感动。

张海迪克服种种困难，阅读了一千多册政治、文学、医学、外语等方面的书籍；自学了大学英语、日语、德语和世界语，并

攻读了大学和硕士研究生的课程。她还不顾自身的病痛，用自学的医学知识和中医针灸技术，为群众治病一万人次以上。

她以自己的演讲和歌声鼓舞着无数青少年奋发向上，她也经常去福利院、特教学校、残疾人家庭，看望孤寡老人和残疾儿童，给他们送去礼物和温暖。她为村里建了一所小学，帮助贫困和残疾儿童上学读书，还为灾区和孩子们捐出自己的稿酬六万余元。除此以外，她还积极参加残疾人事业的各项工作和活动，呼吁全社会都来支持残疾人事业，关心帮助残疾人，激励他们自强自立，为残疾人事业的发展作出突出贡献。

张海迪怀着"活着就要做个对社会有益的人"的信念，以保尔为榜样，把自己的光和热献给人民。

【智慧小语】张海迪身残志不残！顽强地与命运抗争，用坚韧不拔的意志和对生命高度负责的精神，谱写了一曲生命的赞歌！

# 98. 李学生舍己救人

　　李学生，1969年出生于河南省商丘市睢阳区包公庙乡中华楼村，是一位普通的青年农民工。2005年2月20日，李学生为抢救两名儿童，献出了自己年仅三十七岁的宝贵生命。

　　那天下午5时许，在温州打工的李学生，路过金（华）温（州）铁路温州市黄龙段马坑隧道口时，列车迎面呼啸而来，铁路上两个正在玩耍的孩子却浑然不知。"快躲开！"李学生飞身上前，先把小男孩抢出铁轨。当他转身再去抢救小女孩时，风驰电掣的列车驶过，李学生被撞倒在地，献出了生命。

　　李学生的家境虽然贫寒，但他一向乐于助人，好名声在故里人人皆知。他十来岁时母亲去世，从此跟着婶子过活。他牺牲后，婶子朱桂英指着照片上的李学生说，二十七岁才结婚，女儿刚刚一岁，妻子就因病去世。生活的坎坷并没有浇灭他对生活的热情，怀着对未来的憧憬，他到温州打工。

　　李学生老实厚道，热心助人，家乡人无论谁找到他，他都会热情帮助，不辞劳苦，跑前跑后，联系工作。经李学生介绍，全乡有40多人在温州找到了工作。

　　李学生走到哪里，都会把温暖带给身边的人。工友吕建喜至今还记得："学生可是个热心人！2002年我来温州打工，还不到两个月就花光了带来的钱。李学生见我生活困难，毫不犹豫地把100元钱递给我。"

　　2003年6月，工友梁海军不慎从二楼摔下来，跌断了一条腿，大家说要给他捐款。李学生第一个响应，捐了100元。

工友洪仙卫的儿子住院急需用钱，李学生二话不说，拿出准备给女儿交学费的 500 元钱。而实际上，李学生一人工作，要供养女儿在温州上学，每月还要寄钱给老父亲和其他亲人，生活并不宽裕。

李学生工作的温州金有利休闲鞋厂老板程定华说："李学生是 1997 年到厂当学徒的，我很快就发现，把事情交给这个年轻人很放心。1998 年 10 月 29 日晚 6 时许，鞋厂一车间突然起火，李学生和几名工人奋不顾身地冲进火海，抢出易燃的橡胶原料，还抢出几个煤气罐，排除了险情。否则，后果不堪设想。1999 年发生台风时，洪水淹没了厂房，又是李学生最先冲进仓库和车间抢救原料和机器。"

李学生的英雄事迹感动了温州，感动了浙江，感动了商丘，感动了河南，感动了中国。时任浙江省委书记、省人大常委会主任的习近平对英雄李学生的壮举作出这样的批示："世间有造就伟业的英雄，有在平凡岗位上默默奉献的英雄，有在关键时刻挺身而出的英雄。李学生就是一个作为平凡之人而作出不平凡壮举的英雄。"

【智慧小语】一个人温暖了一座城。因为李学生的出现，商丘与温州结为友好城市，"好人"概念才一步步发展壮大，成为正能量的代名词。李学生是千千万万个外出务工人员中的普通一员。在平凡的生活中，当工友需要帮助的时候，他总是慷慨解囊，热心助人；在考验生死的关键时刻，他把一个生命对另一个生命的关爱推到了极致。

# 99. "最美妈妈"吴菊萍

2011年7月2日下午1点30分,杭州滨江区白金海岸小区,两岁女童妞妞翻出阳台,在10楼高空悬挂了一会儿后突然坠落。正在楼下的年轻妈妈吴菊萍甩掉高跟鞋,奋不顾身地冲过去,用双臂接住孩子,两人均陷入昏迷。

昏迷10天后,妞妞奇迹般苏醒,呼吸、血压、脉搏等生命体征基本平稳,能叫"爸爸妈妈"了。吴菊萍则左手臂多处骨折。

吴菊萍与坠楼的妞妞素不相识,她的义举挽救了妞妞的生命。事后,记者采访她:"你是一个勇敢的人,现在人们都夸赞你是英雄。对此,你是怎么看的?"吴菊萍平静地说:"我哪儿算得上英雄?真正的英雄是长期帮助别人的人,我只是帮了别人一次,正好赶上了。"

【智慧小语】从没想过,一个冲击力是多么强大!她没有想到自己的家庭,她只想着没有生命是多么可怕!这种舍己救人的精神值得我们学习!她不想着荣誉,是一个平民英雄!她就是"最美妈妈"吴菊萍!她配得上"最美妈妈"这个光荣称号。

# 100．毛泽东与母亲唯一的合影

毛泽东曾在 1919 年 4 月 28 日给舅舅写过一封信，写这封信时，正是他和大弟弟毛泽民、小弟弟毛泽覃将母亲接到长沙治病。

母亲的脖子上出现了溃疡，如果不是毛泽东回家奉劝，母亲是不肯到长沙治病的，她怕花费太多，也怕影响毛泽东的学习和工作。最重要的一点，她从来没有离开过韶山冲，外出对她来说是一件惊天动地的大事，故土难离呀。最后，母亲拗不过倔强的毛泽东，便与儿子们来到长沙，住在毛泽东挚友加同学的蔡和森

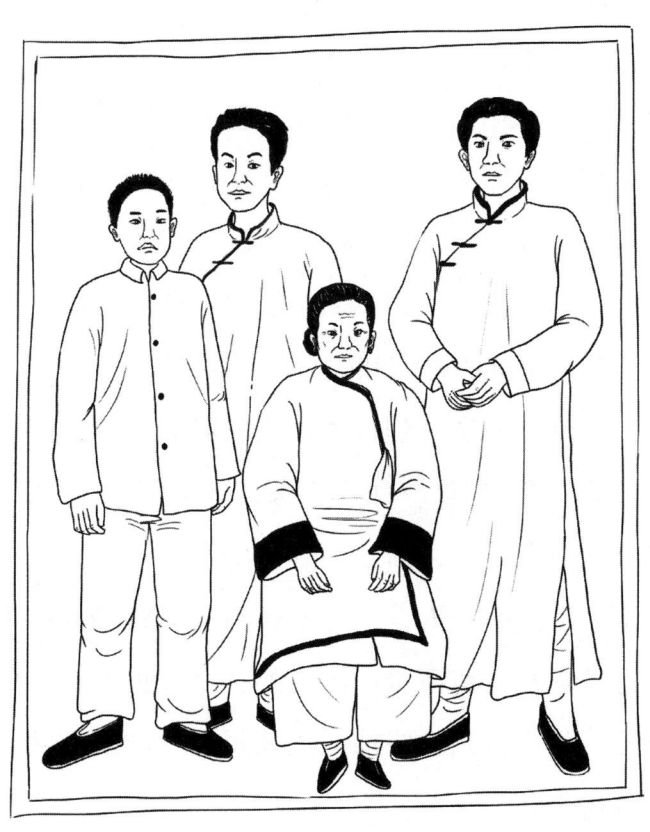

家中。很快病情就清楚了，诊断结果为淋巴腺炎，打针吃药，炎症看着消退不少。

母亲病情好转了一些，毛泽东提议与母亲合影。于是，毛氏三兄弟与母亲来到一家照相馆。母亲坐着，三个儿子两边站着，全体神情严肃，甚至有些紧张地面对镜头。随着咔嚓一声快门响动，瞬间成为永恒。这是五十出头的母亲第一次照相，也是母亲与三个儿子最后一次相聚的时光。

之后，母亲执意要回韶山，她心里放不下"一担柴"的老宅子，放不下屋里屋外的家务事，也放不下与她相伴了三十多年的老伴儿。毛泽东拗不过母亲，便让毛泽民一路照顾母亲返回家乡。毛泽东将母亲送上船，母亲在儿子的挥手中渐渐远去，他哪里能想到，这次分别将是永远……

1919年10月5日，母亲病逝，毛泽东赶回韶山，跪守慈母灵前，悲痛至极，挥笔写下了他一生中最长的诗作《四言诗·祭母文》。"呜呼吾母，遽然而死……呜呼吾母，母终未死。躯壳虽隳（huī），灵则万古。"这是一篇念颂母亲的绝唱，字里行间浸透着儿子对母亲深沉的眷恋和失去母爱的痛惜。

毛泽东安葬完母亲回到长沙，很长时间不能释怀。他给同学也是共患难的挚友邹蕴真写信说，如果世上有三种人，损人利己的人，利己不损人的人，损己而利人的人，那么他的母亲就是最后那种人，一生损己利人，一生不顾自己只顾别人的人。母亲的离去，给毛泽东心灵留下难以磨灭的伤痛，他对母亲的思念几乎伴随了他的一生。直到临终前，他还想回到韶山的滴水洞，在父母身边终结其一生。

父母相继病逝后,毛泽东只要有机会去韶山,就要到父母墓前悼念一番。后来,革命征程让他离韶山越来越远,但只要有机会说起自己的身世,总少不了用很多时间来谈自己的母亲。

美国记者斯诺的采访记录中,毛泽东深情地回忆起母亲点点滴滴的往事。对于毛泽东来说,母亲离去的是身躯,留下的是不灭的精神。自己血管里流着母亲的血液,性格中传承着母亲的特质,行为中映射着母亲的影子。比如,接济别人,同情善良,与人平等,自己则节衣缩食,生活简朴,身为开国领袖,却过着普通人的生活。

## 祭母文

#### 作者 毛泽东

呜呼吾母,遽然而死。寿五十三,生有七子。
七子余三,即东民覃。其他不育,二女二男。
育吾兄弟,艰辛备历。摧折作磨,因此遭疾。
中间万万,皆伤心史。不忍卒书,待徐温吐。
今则欲言,只有两端。一则盛德,一则恨偏。
吾母高风,首推博爱。远近亲疏,一皆覆载。
恺恻慈祥,感动庶汇。爱力所及,原本真诚。
不作诳言,不存欺心。整饬成性,一丝不诡。
手泽所经,皆有条理。头脑精密,劈理分情。
事无遗算,物无遁形。洁净之风,传遍戚里。
不染一尘,身心表里。五德荦荦,乃其大端。

合其人格，如在上焉。恨偏所在，三纲之末。
有志未伸，有求不获。精神痛苦，以此为卓。
天乎人欤，倾地一角。次则儿辈，育之成行。
如果未熟，介在青黄。病时揽手，酸心结肠。
但呼儿辈，各务为良。又次所怀，好亲至爱。
或属素恩，或多劳瘁。大小亲疏，均待报赍。
总兹所述，盛德所辉。必秉捆忧，则效不违。
致于所恨，必补遗缺。念兹在兹，此心不越。
养育深恩，春晖朝霭。报之何时，精禽大海。
呜呼吾母，母终未死。躯壳虽隳，灵则万古。
有生一日，皆报恩时。有生一日，皆伴亲时。
今也言长，时则苦短。惟挈大端，置其粗浅。
此时家奠，尽此一觞。后有言陈，与日俱长。

# 一百条以孝治家家训

古人行善者,非名之务,非人之为,心自甘之,以为己度。

1. 一日为师，终身为父。弟子事师，敬同于父。习其道也，学其语言。

【译文】哪怕只当了你一天的老师，也要终身当作父亲那样敬重。学生侍奉老师，应当像侍奉父亲一样恭敬。学习老师的文化知识和道德为人，还要学习老师说话的方式和技巧。

——周·姜尚《太公家教》

2. 积财千万，不如明解一经；良田千顷，不如薄艺随身。慎其言语，整其容貌。言不可失，行不可亏。

【译文】聚积财宝千万，不如通晓一部经书；家有良田千顷，不如薄技在身。

说话一定要谨慎，举止一定要端庄大方。说话不可失言，做事不可亏心损德。

——周·姜尚《太公家教》

3. 聪明睿智而守以愚者益，博闻多记而守以浅者广。

【译文】聪明而有远见却自以为愚钝，才能不断受益；见闻广而有学识却自以为浅陋，才能更为广博。

——周·姬旦《诫伯禽书》

4. 吾闻可以与人终日不倦者，其唯学焉。

【译文】我听说可以让人终日不倦怠的，只有学习这件事。

——春秋·孔子《孔子家语》

5．与善人居，如入芝兰之室，久而不闻其香，即与之化矣。与不善人居，如入鲍鱼之肆，久而不闻其臭，亦与之化也。

【译文】和品德高尚的人在一起，就像沐浴在种植芝兰散满香气的屋子里，时间长了便闻不到香味，其自身已经充满香气。和品德低下的人在一起，就像到了卖鲍鱼的地方，时间长了也闻不到臭，也是融入环境了。

——春秋·孔子《孔子家语》

6．孔子曰："君子有三思，不可不察也。少而不学，长无能也；老而不教，死莫之思也；有而不施，穷莫之救也。故君子少思其长则务学，老思其死则务教，有思其穷则务施。"

孔子曰："吾有所耻，有所鄙，有所殆。夫幼而不能强学，老而无以教，吾耻之。去其乡，事君而达，卒（cù）遇故人，曾无

旧言，吾鄙之。与小人处而不能亲贤，吾殆之。"

【译文】孔子说："君子有三件事要深思，不可不明察。年少时不学习，长大成人就没有本领；年老时不培训学生，死了就没有人思念；富有而不施惠于人，沦为贫穷就没有人帮助。所以，君子年少时就要想到将长大成人而努力学习；年老时就要想到将会死亡而致力于教育；富有时就要想到贫穷而乐于施惠。

孔子说："我有所羞耻，有所轻贱，有所不安：年纪小时不能努力学习，年老没有可以教人的知识，是我所羞耻的；离开家乡，为君国效劳而显贵，突然与过去的熟人相遇，竟然没有旧情可叙，是我所看不起的；同小人相处而不能亲近贤人，是我感到不安的。"

——春秋·孔子《孔子家语》

**7．吾闻士修身洁己，不为苟得。竭情尽实，不为诈行。非义之念，不萌于心。非礼之利，不入于家。**

【译文】我听说读书人修养身心，自正其身，不做苟且求得之事。竭尽其力，竭尽其实，不做欺诈之事。不义的念头，不萌发于心；不符合礼义的财利，不进家门。

——战国·田稷母《家训》

**8．明者处世，莫尚于中。**

【译文】聪明的人处世交往，最好的方法是不偏不倚。

——汉·东方朔《诫子书》

**9．阳以刚为德，阴以柔为用；男以强为贵，女以弱为美。**

【译文】刚强是阳的品德，柔弱是阴的存在方式；男子贵在刚强，女子美在温柔。

——汉·班昭《女诫》

**10．富贵盈溢，未有能终者。吾非不喜荣势也，天道恶满而好谦，前世贵戚皆明戒也。保身全己，岂不乐哉！**

【译文】过于富贵的人，没有好结果。我并不是不喜欢荣华富贵和权势地位，但我知道天道憎恨骄傲自满而喜欢谦虚谨慎，前世帝王亲族的命运都是对后人明明白白的告诫。保全自身，难道不是件快乐的事吗？

——汉·樊宏《诫子》

**11．人咸知饰其面，不修其心，惑矣！面一旦不修饰，则尘垢藏之；心一朝不思善，则邪恶入之。**

【译文】人都知道修饰自己的面容，却不知道陶冶自己的心灵，真是迷惑糊涂啊！人的脸面一天不洗理修饰，就会藏污纳垢；人的心一日不修炼陶冶，邪恶的东西就会侵入。

——汉·蔡邕《女训》

**12．勿以恶小而为之，勿以善小而不为。**

【译文】不要因为是小恶事就去做，也不要因为是小善事而不去做。

——三国·刘备《刘备敕刘禅遗诏》

13. 夫君子之行，静以修身，俭以养德。非澹泊无以明志，非宁静无以致远。夫学须静也；才须学也。非学无以广才，非志无以成学。

【译文】有道德修养的人，以宁静来提高自己的修养，以节俭来培养自己的品德。不恬淡寡欲，无以明志趣；没有心境的宁静，思虑就不能深远。学习必须在心静物静中进行，才干必须从学习中得到。不学习不能增长才干，无大志不能学有所成。

——三国·诸葛亮《诫子书》

14. 言思乃出，行详乃动。

【译文】深思熟虑后才开口讲话，详细谋划后才采取行动。

——三国·王修《诫子书》

**15．贫非人患，惟和为贵。**

【译文】不必担心贫困，家庭和睦最为可贵。

——三国·向郎《遗言诫子》

**16．推美引过，德之至也。**

【译文】把好事让给他人，把过失归于自己，这是最高尚的品德。

——晋·王祥《训子孙遗令》

**17．从善如顺流，去恶如探汤。节酒慎言，喜怒必思，爱而知恶，憎而知善，动念宽恕，审而后举。**

【译文】采纳别人正确的意见，要像随波逐流一样自然；除去奸恶的行为，要像伸手到开水中探物一样迅速。节制饮酒，谨慎言谈，高兴和生气时要想一想，爱一个人要知道他的短处，恨一个人要知道他的长处，要懂得宽恕他人，审慎考虑后才采取行动。

——北朝·李暠《手令戒诸子》

**18．四海悠悠，皆慕名者，盖因其情而致其善尔。**

【译文】普天之下，芸芸众生，都敬仰有好名声的人，要按这种性情来引导他们达到美善的境界。

——北齐·颜之推《颜氏家训》

**19．用其言，弃其身，古人所耻。凡有一言一行，取于人者皆显称之，不可窃人之美，以为己力；虽轻虽贱者，必归功焉。窃人之财，刑辟之所处；窃人之美，鬼神之所责。**

【译文】采纳进言人的意见，却远弃其人，古人认为这样做是可耻的。凡是从别人那里学得一言一行，都要公开称赞他，不可掠人之美，作为自己的功劳；即使他的身份低下，也一定要归功于他。窃取别人的财物，要受到法律的制裁；窃取别人的美誉，要受到鬼神的责罚。

——北齐·颜之推《颜氏家训》

**20．名之与实，犹形之与影也。德艺周厚，则名必善焉。容色姝丽，则影必美焉。今不修身而求令名于世者，犹貌甚恶而责妍影于镜也。**

**世人读书者，但能言之，不能行之。忠孝无闻，仁义不足。加以断一条讼，不必得其理；宰千户县，不必理其民；问其造屋，不必知楣横而梲（zhuō）竖也；问其为田，不必知稷早而黍迟也；吟啸谈谑，讽咏辞赋，事既优闲，材增迂诞，军国经论，略无施用；故为武人俗吏所共嗤诋，良由是乎！**

【译文】名与实，就像形与影的关系。道德高尚、学问深厚的人，名声一定很好；容貌美丽、光艳靓丽的人，影像一定美好。现在有些人不知道修养道德、增加学问，却一味追求好的名声，就像容貌丑恶却向镜子要求漂亮的影像一样。

世上一些读书人，只是口头上会说，不能去实行。在对国尽忠、对父母尽孝方面，听不见他有什么作为；在讲究仁德和礼义方面，也看不到他有什么足够的表现。让他断一件案子，分不清事理；让他管理一个小县，治理不好百姓；问他如何造房子，说不清房梁和短柱哪个应该是横的，哪个应该是竖的；问他如何种田，弄不清应该先种穈子还是先种黍子。只会无病呻吟，闲开玩笑，讽咏辞赋，无事可做，行为迂腐荒唐，对于国家、军队的筹划治理，一点作用也没有。之所以被武人和俗吏讥笑、嘲骂，原因就在这里吧！

——北齐·颜之推《颜氏家训》

**21．汝若全德，必忠必直；汝若全行，必方必正。终身如此，可谓君子。**

【译文】你想要完善自己的品德，就必须忠厚、正直；你想要完善自己的行为，就必须正派、守责。一辈子都能这样，就称得上是有德行的人。

——唐·元结《自箴》

**22．为人母者不患不慈，患于知爱而不知教也。**

【译文】做母亲的，不怕不慈爱，就怕只知爱而不知教育。

——北宋·司马光《家范》

**23．惟俭可以助廉，惟恕可以成德。**

【译文】只有节俭可以帮助一个人廉洁清明，只有宽恕可以培养一个人应有的良好品德。

——北宋·范纯仁《范纯仁家训》

24．**藏精于晦则明，养神于静则安。**晦所以畜（xù）用，静所以应动。善畜者不竭，善应者无穷。**此君子修身治人之术。**

【译文】将才华隐藏起来而不显露，是高明的做法；修养心神于静谧之处，会感到安宁。隐藏才华是以备将来之用，静心修养是为了应付动荡。善于积蓄才华的人，才华不会枯竭；善于以静待动的人，没有应付不了的事情。这就是君子修养自身、治理人事的方法。

——北宋·欧阳修《欧阳文忠公书示子侄》


25．后世子孙仕官，有犯赃者，不得放归本家；死不得葬大茔（yíng）中。**不从吾志，非吾子孙也。**

【译文】后代子孙当官，有贪污受贿的，生前不得让他回包氏本家，死后不得葬到包氏墓地。如果违背我这个志向，就不是我的子孙。

——北宋·包拯《宋史·包拯传》


26．有过不能改，知贤不能亲，虽生人世上，不得谓之人。

【译文】有了过错而不能改正，知道别人有才德而不去亲近，这种人虽然活在世上，实在算不上真正的人。

——宋·邵雍《诫子吟》

**27．事难行，故要敏；言易出，故要慎。**

【译文】事情不是轻易可以做好的，所以要勤勉；言语容易出口，所以要谨慎。

——南宋·朱熹《朱子语类》

**28．凡为人要识道理、识礼数，在家庭事父母，入书院事先生，并要恭敬顺从，遵依教诲。**

【译文】做人要明白事理，懂得礼节，无论在家侍奉父母，还是在学校侍奉老师，都应该恭敬顺从，谨遵教诲。

——南宋·真德秀《教子斋规》

**29．天下之事，常成于困约，而败于奢靡。**

吾平生未尝害人，人之害我者，或出忌嫉，或偶不相知，或以为利，其情多可谅，不必以为怨，谨避之可也。

【译文】天下的事情，大多成功于困顿贫乏，而失败于奢侈浪费。

我一生未曾伤害过他人，而他人加害于我的，或者出于嫉妒，或者由于不了解我这个人，或者为了个人的某种利益。这些都是可以原谅的，不必以此为怨，谨慎回避就行了。

——南宋·陆游《放翁家训》

**30．道非难知，亦非难行，患人无志耳。**

【译文】真正的道理不难知晓，按照道理去做也不难，值得忧虑的倒是人没有坚定的志向。

——南宋·陆九渊《与侄孙濬》

**31．喜而溢美，犹不失近厚；怒而溢恶，则为人之害多矣。**

【译文】如果因高兴而说了过誉的话，仍不失厚道；如果因恼怒就恶语相加，危害就大了。

——南宋·叶梦得《石林家训》

**32．旦起须先读三五卷，正其用心处，然后可及他事，暮夜见烛亦复然。若遇无事，终日不离几案。**

【译文】早晨起床，第一件事就是先读三五卷书，这正是用心的时候，然后再去做其他事。夜幕降临也一样。如有闲暇，便可终日伏案苦读。

——南宋·叶梦得《石林家训》

**33．人生至乐无如读书，至要无如教子。教子有五：导其性，广其志，养其才，鼓其气，改其病。父孝子必孝，不教亦须孝。自己身不孝，养子谩劳教。慈乌本来孝，何曾得人教。孝是种子法，不由教不教。**

【译文】人生最大的快乐是读书，最主要的事情是教育子女。教育子女有五个方面：引导其性格合理地发展，使其志向远大，培养他的才能，鼓舞他的勇气，纠正他的毛病。父亲孝，儿子一

定孝，不用教也会孝。自己身不孝，用孝教儿也徒劳。慈乌生来会尽孝，哪曾得到人施教？行孝如种子，只要种子好，不在教不教。

——南宋·刘清之《戒子通录》

34．**恭为德首，慎为行基。古人行善者，非名之务，非人之为，心自甘之，以为己度。**

【译文】恭敬是道德修养之首要，谨慎则是为人处世之基础。古人行善不是为了名，也不是被强迫，而是心甘情愿，认为是自己应该做的。

——南宋·刘清之《戒子通录》

35．**贤者能自反，则无往而不善。**

**行高人自重，不必其貌之高；才高人自服，不必其言之高。**

【译文】修养高的人经常反思自己的言行，这样才能事事做得好。

德性高的人自然让人敬重，不必故意装出高贵的样子；才能高的人自然令人折服，不必着意用言语来表现。

——南宋·袁采《袁氏世范》

36．**诚无悔，恕无怨，和无仇，忍无辱。**

【译文】诚实的人不会有遗憾，宽容的人不会招来怨恨，和善的人不会与人结仇，能忍的人不会受到欺辱。

——南宋·李邦献《省心杂言》

**37．礼义廉耻可以律己，不可以绳人。律己则寡过，绳人则寡合，寡合则非涉世之道。是故君子责己，小人责人。**

【译文】礼义廉耻可以用来约束自己，但不可去衡量别人。约束自己可以减少过失，衡量别人就不能与众人相处。不能与众人相处，这不是处世的正确方法。所以，君子严于律己，小人则求全责备。

——南宋·李邦献《省心杂言》

**38．君子岂不为子孙计？然其子孙计，则有道矣。种德，一也。家传清白，二也。使之从学而知义，三也。授以资身之术，四也。家法整齐，上下和睦，五也。为择良师友，六也。为娶淑妇，七也。常存俭风，八也。**

【译文】有德行的人怎能不为子孙打算呢？但为子孙打算要有正确的观念。首先，积德；第二，保证家风清白；第三，让他们读书而懂礼义；第四，教给他们立身的办法；第五，家法严明完备，长幼和睦；第六，为他们选择良师益友；第七，替他们娶贤淑的媳妇；第八，让节俭的家风世代传下去。

——南宋·倪思《经锄堂杂志》

**39．居家之病有七：曰呼、曰游、曰饮食、曰土木、曰争讼、曰玩好、曰惰慢。有一于此，皆能破家。一家之事，贵于安宁和睦悠久也，其道在于孝弟谦逊。**

【译文】一个家庭，容易犯的错误有七种：赌博、乱交游、奢侈、大兴土木、好打官司、喜好珍玩、懒惰。沾上一种，都能败家。一个家庭，贵在安宁和睦久远，而孝悌谦逊是其根本。

——南宋·陆九韶《居家正本制用篇》

40．深省所蔽，凡临事之所当为者，即奋励自强，期以必克，及乎进也，辄得其咎，退也虽悔而无尤。

【译文】深刻反省自己的缺失，凡是应该做的事，就要奋力去做，争取达到目的。即使做错了，退也虽悔无怨。

——元·华惊鞯《家劝》

41．平生乃亲多苦辛，愿汝苦辛过乃亲。

【译文】父母一生辛苦操劳，但愿你们的辛苦操劳超过父母并过上好的生活。

——元·许衡《训子》

42．物有所好，汝勿好之。德有可好，汝则效之。贱物而贵德，孰谓道远？将允蹈子。

【译文】有非常好的珍玩，你不要追求它；有非常可贵的德行，你应该学习和掌握它。重视道德修养，轻视珍玩，谁说道很遥远？道在你的脚下，任由你去践行。

——明·方孝孺《幼仪杂箴》

**43．宁其心，定其志，和其气，守之以仁厚，持之以庄敬，质之以信义，一语一默，从容中道，以合乎坤静之体，则谗慝（tè）不作，家道雍穆矣。**

【译文】安定自己的心境，坚定自己的意志，平和自己的心气，恪守仁爱、忠厚，保持庄重、恭敬，讲求信誉、义气，说话或静默之间，从容不迫，合乎礼仪之道、坤静之体。如此一来，谗言邪语就无从兴起，家道也就和睦。

——明·徐皇后《内训》

**44．志不立，天下无可成之事，虽百工技艺，未有不本于志者。志不立，如无舵之舟、无衔之马，漂荡奔逸，终亦何所底乎？**

【译文】志向不立，世上就没有能成功的事。即便是学习各种工艺技术，也无不先立志。志向不立，就像没有舵的船、没有嚼子的马，漂荡奔驰不受管束，到哪里才是尽头呢？

——明·王守仁《教条示龙场诸生》

**45．人只怕无志耳。有志决要做一番人，一生根脚，便从竖起。**

【译文】一个人怕就怕没有志向。如果立志做一番惊天动地的大业，这就有了根本，人生便由此发扬光大。

——明·彭端吾《彭氏家训》

46．立身无愧，何愁鼠辈？恶不在大，心术一坏，即入祸门。

【译文】为人处世只要问心无愧，就不怕小人的诋毁。罪恶不在大小，只要居心不正，灾难马上就要临头。

——明·吴麟徵《家诫要言》

47．位之得不得在天，德之修不修在我，毋弃其在我者，毋强其在天者。

【译文】官位得不得由天定夺，而道德修不修全在自己，切不可放弃自我修养，而强求荣华富贵。

——明·袁衷《庭帏杂录》

48．大人不可不畏，畏大人则无放逸之心；小民亦不可不畏，畏小民则无豪横之名。作人要脱俗，不可存一矫俗之心；应事要随和，不可起一趋时之念。

【译文】对于德高望重的人要尊敬，这样，自己就能行为收敛，不至于任性放肆；对于普通人也要尊敬，这样，自己就不会留下蛮不讲理的恶名。为人处世，要超凡脱俗，但又不能存有为纠正不良习俗而标新立异的心思；立身行事，要随时之宜，但又不能存有为追逐时尚而出风头的俗念。

——明·洪应明《菜根谭》

**49．磨砺当如百炼之金，急就者，非邃（suì）养；施为宜似千钧之弩，轻发者，无宏功。德随量进，量由识长，故欲厚其德，不可不弘其量，欲弘其量，不可不大其识。**

【译文】磨炼身心品德，就像炼金一样，要千锤百炼，才能炼出真金；如果急于求成，便不会有精深的修养。做事就像拉硬弓，要用全力才能拉圆；如果轻拉即射，便不会有什么大的成就。道德是随着气度而进步，气度是随着见识而增长。所以，要想道德高尚，必须宏大气度；要想宏大气度，必须增长见识。

——明·洪应明《菜根谭》

**50．傲，凶德也。凡以富贵学问而骄人，皆自作孽耳。**

【译文】骄傲是最恶劣的品行。凡是仰仗富贵、学问而傲视人的，都是自作孽。

——明·庞尚鹏《庞氏家训》

**51．人有恩于吾，则终身不忘；人有仇于吾，则即时丢过。**

【译文】别人对我有恩惠，要一辈子不忘；别人跟我有冤仇，要立刻忘掉。

——明·杨继盛《杨忠愍公遗笔》

**52．坐谈莫说闲话，莫说人家长短，莫发人隐事。**

【译文】在一起交谈，不要讲没有根据的无聊话，也不要讲他人的是非短长，更不要讲他人的忌讳或隐私。

——明·周怡《示儿书》

### 53. 短不可护，护短终短；长不可矜，矜则不长。

【译文】短处不能遮掩，遮掩短处，短处仍然还是短处；长处不应自夸，自夸长处，长处也就不是长处。

——明·聂大年《座右铭》

### 54. 人非生而知之者，孰能了此无惑，故从其先得者而问焉。

【译文】人不是天生就什么都知道，谁也不能对什么事都明了而毫无疑惑，所以，要跟随先获得知识、懂得道理的人并向他请教。

——明·海瑞《训诸子说》

### 55. 平生不做皱眉事，天下应无切齿人。一心可以交万友，二心不可交一友。君子有三惜：此生不学一可惜，此日闲过二可惜，此身一败三可惜。

【译文】平生只要不做那些令人心烦的事，世上就没有切齿愤恨你的人。一心一意可以结交成千上万的朋友，三心二意连一个朋友也交不上。士人君子有三件可惜的事：一是这一生不学无术；二是这一天虚度光阴、碌碌无为；三是这一生到头来一事无成。

——明·陈继儒《小窗幽记》

**56．劝我后人，毋为游手，毋交游手，毋收养游手之徒。**

【译文】奉劝我的后代，切不可游手好闲，不与游手好闲的人交往，也不准在门下收养游手好闲的人。

——明·姚舜牧《药言》

**57．必以诚信，必以勤慎。**

【译文】做人必须诚实守信，必须勤勉谨慎。

——明·宋诩《宋氏家规部》

**58．言不及行，可耻之甚。**

【译文】言行不一，是最可耻的。

——明·薛瑄《薛文清公要语》

**59．切不可因己无成而不教子，又不可以家事匮乏而不从师。**

【译文】千万不能因为自己没出息而不教育子女，也不能因为家里困难而拒绝给子女请老师。

——明·何伦《何氏家规》

**60．有过是一过，不肯认过又是一过，一认则两过都无，一不认则两过不免。彼强辩以饰非者，果何为也？世人糊涂，只是抵死没自家不是，却不自想：我是尧舜乎？果有尧舜，真没一毫不是？我若是汤武未反之前，也有分毫错误，如何盛气拒人，巧言饰己，再不认一分过差耶？**

【译文】犯下一个过错为一错,不肯认错又是一错,承认自己所犯的过错,则两个过错都可免除。那些强词夺理掩饰自己过失的人,又是为了什么呢?世上的糊涂人,死不承认自己有不对的地方,却不想一想,难道自己是尧舜吗?即便真是尧舜,难道就没有任何过失吗?商汤王、周武王起兵之前,也是有一些错误的,我又怎能盛气凌人、花言巧语,而不认一分错呢?

——明·吕坤《呻吟语》

61. 以虚养心,以德养身,以善养人,以仁养天下万物,以道养万世。养之义大矣哉!富以能施为德,贫以无求为德,贵以下人为德,贱以忘势为德。

【译文】以虚静来保养心灵,以德性来保养身体,以善行来保养他人,以仁义来保养万物,以道来保养万世。保养的意义十分重大!富人以能施舍为有德行,穷人以无贪求为有德行,高贵的人以礼贤下士为有德行,低贱的人以不趋炎附势为有德行。

——明·吕坤《呻吟语》

62. 上士重道德,中士重功名,下士重辞章,斗筲(shāo)之人重富贵。有志之士,要百行兼修,万善俱足。若只作一种人,硁(kēng)硁自守,沾沾自多,这便不长进。身不修而惴惴焉,毁誉之是恤。学不进而汲汲焉,荣辱之是忧。此学者之通病也。

【译文】上等读书人注重德行,中等读书人注重功名,下等读书人注重文章,见识短浅的人注重富贵。有志向的人,要兼取

百家之长，具备各种美德。如果只会做一种人，浅薄固执，沾沾自喜，就不能取得大的长进。不注意加强自身的修养，整日惶恐不安，只担心别人的褒贬，不努力学习，成天为荣辱而忧心忡忡，这是求学人的通病。

——明·吕坤《呻吟语》

**63．种豆其苗必豆，种瓜其苗必瓜。未有所存如是，而所发不如是者。心本人欲，而事欲天理，心本邪曲，而言欲正直，其将能乎？是以君子慎其所存，所存是种种皆是，所存非种种皆非，未有分毫爽者。**

【译文】种下豆子，长出来的必定是豆苗，种下瓜子，长出来的必定是瓜苗，没有播下的种子与长出的植物不一样的道理。心中存的是利欲，却想做出符合天理的事，心地本来十分邪恶，而想说出正直的道理，那怎么可能呢？因此，君子对于内在的道德修养十分慎重。所修的是正气，行为自然正当，所存的是邪念，行为也必然邪恶，是不会有丝毫差错的。

——明·吕坤《呻吟语》

**64．吾人立身天地间，只思量作得一个人。**

【译文】生活在天地之间，最重要的是做一个真正意义上的人。

——明·高攀龙《家训》

65．见富贵而生谄容者最可耻，遇贫穷而作骄态者贱莫甚。

【译文】看到有钱有势的人，就表现出一种媚态，这种人最可耻；看见贫苦穷困的人，就摆出一副盛气凌人的样子，这种人最下贱。

——清·朱柏庐《朱子治家格言》

66．一粥一饭，当思来处不易；半丝半缕，恒念物力维艰。

【译文】平日生活，一碗粥一餐饭都要爱惜，应该想到这些食物得来前各种工作的辛苦；半根细丝半根细线也要爱惜，应该经常想到这些物品生产时的艰难。

——清·朱柏庐《朱子治家格言》

67．善欲人见，不是真善；恶恐人知，便是大恶。施惠勿念，受恩莫忘。

【译文】做好事为的是让别人知道，不是真做好事；做坏事害怕人家知道，是更大的过错。给了别人一点好处不要记挂在心上，但受到别人的恩惠和帮助千万不可忘记。

——清·朱柏庐《朱子治家格言》

68．学不上进，病坐在不虚己。

【译文】学业没有长进，原因就在于不虚心。

——清·孙奇逢《孝友堂家训》

69．凡书，目过口过，总不如手过。盖手动则心必随之。虽览诵二十遍，不如钞撮一次之功多也。况必要提其要，则阅事不容不详；必钩其玄，则思理不容不精。

【译义】大凡读书，看过或诵读过，都不如用手写过更为有效。这是因为动手之时势必动脑筋。虽然看过或读诵过二十遍，其收效也远不如摘抄一遍大。况且，你要摘录书中的要点，阅读事件的始末，就不得不详尽、认真；你要探索书中的精微，就不能不深入思考，殚精竭虑。

——清·李光地《李光地家训》

70．君子者，勤修不敢惰，制欲不敢纵，节乐不敢极，惜福不敢侈，守分不敢僭（jiàn），是以身安而泽长也。

【译文】君子勤勉而不敢怠惰，克制欲望而不敢放纵，节制享乐而不敢过度，珍惜幸福而不敢奢侈，安守本分而不敢僭越，因此身安而福泽长久。

——清·康熙《庭训格言》

71．凡人持身处世，惟当以恕存心。见人有得意事，便当生欢喜心；见人有失意事，便当生怜悯心。此皆自己实受用处。若夫忌人之成，乐人之败，何与人事？徒自坏心术耳。古语云："见人之得，如己之得；见人之失，如己之失。"如是存心，天必佑之。

凡人于无事之时，常如有事而防范其未然，则自然事不生。若有事之时，却如无事以定其虑，则其事亦自然消灭矣。古人

云：“心欲小而胆欲大。"遇事当如此处之。

【译文】凡立身处世，应当善良宽厚，看见他人有得意的事，应由衷地高兴；看见他人有失意的事，则应深抱怜悯同情之心。假如看见别人成功就忌恨，看见别人失败就高兴，这只能坏了自己的心术。古语说："将他人的成功当作自己的成功，将他人的失败当作自己的失败。"这样的人，上天必定护佑。

人在平安无事时，像有事一样防患于未然，那么自然会太平无事；有事时，像无事一样坦然，那么事情自会消解。古人说："心欲小而胆欲大。"遇到事情应当这样对待。

——清·康熙《庭训格言》

**72．**处贫贱之日，不可轻于累人，累人则失义。处富贵之日，则当以及人为念，不然则害仁。

【译文】处于贫贱时，不可轻易麻烦拖累别人，否则就是不仁义；处于富贵时，应当想法帮助别人，否则就是不道德。

——清·张履祥《张杨园训子语》

**73．**我有德于人，无大小，不可不忘；人有德于我，虽小不可忘也。若夫怨出于己，当反己而与人平之；其自人施于我，则当权其轻重大小，轻且小者可忘，忘之。

【译文】我对别人有恩德，无论是大是小，都要忘掉；别人对我有恩德，即使再小也不能忘记。与人发生矛盾，如果责任在我，要敢于承认自己的过错，向人道歉以求重新和好；如果责任在对方，则应权衡其轻重大小，是小事则及早忘掉。

——清·张履祥《张杨园训子语》

**74．**心能辨是非，处事方能决断；人不忘廉耻，立身自不卑污。立身不嫌家世贫贱，但能忠厚老诚，所以无一毫苟且处，便为乡党仰望之人。无财非贫，无学乃为贫；无位非贱，无耻乃为贱；无年非夭，无述乃为夭；无子非孤，无德乃为孤。

【译文】心中能辨别是非，在处理事情的时候，就能果断地作出决定；人不忘廉耻，为人自然就会正直，就不会去做卑鄙污秽的事情。立身处世，不怕出身卑贱，只要为人忠厚、稳重踏实，所作所为没有一丝马虎或违背义理之处，便足以为家乡父老敬重。没有钱财不算贫穷，没有学问才是真正的贫穷；没有地位不

算卑贱，没有羞耻之心才是真正的卑贱；活不长久不算短命，没有留下值得称颂的业绩才是真正的短命；没有儿子不算孤独，没有道德才是真正的孤独。

——清·王永彬《围炉夜话》

75．**敬他人，即是敬自己；靠自己，胜于靠他人。交朋友增体面，不如交朋友益身心；教子弟求显荣，不如教子弟立品行。与其为子孙谋产业，不如教子孙习恒业。家纵贫寒，也须留读书种子；人虽富贵，不可忘稼穑艰辛。**

【译文】尊重他人，等于尊重自己；依靠自己，远远胜过依靠他人。如果结交朋友只是为了增添门面，还不如结交对自己身心有益的朋友；如果教育子弟只是追求荣华富贵，还不如培养他们高尚的道德情操。与其替子孙谋求产业，倒不如让他们学习可长久谋生的本领。纵使家境贫寒，也要让子孙读书；虽然身居高位，家财万贯，也不要忘记耕种收获的辛劳。

——清·王永彬《围炉夜话》

76．**士农工商皆可为圣人。以仁存心，以礼存心，爱敬始于亲长，推暨于民物。念念不欺，事事以恕，则得之矣。**

【译文】无论是读书人、农民、工匠，还是商人，都可以成为品德高尚的人。讲仁爱，明礼仪，从孝敬父母推及爱敬他人。每个念头都不欺诈，每件事都抱以宽恕的态度，就能成为有道德的人。

——清·刘沅《家言》

**77．平时置之闲地，而望其他日历练老成，彼安能乎？**

【译文】平时不注意让孩子锻炼，却期望他日后练达老成，这可能吗？

——清·毛先舒《家人子语》

**78．忌者，小人之尤；利者，害德之物。**

【译文】忌妒，是小人的品格；利己，是道德败坏的起因。

——清·蔡世远《示子弟帖》

**79．见人作不义事，须劝止之。知而不劝，劝而不力，使人过遂成，亦我之咎也。纵与人有争，只可就事论事，断不可揭其祖父之短，扬其闺门之恶。此祸关杀身。**

【译文】如果看见有人做不仁不义的事，必须劝阻。假若知道而不劝阻，或者劝阻不力，致使他犯了错误，也就等于是自己的过失。即使和别人发生争执，也只能就事论事，绝对不可以揭露人家父祖辈的短处，或者张扬人家家庭的丑闻。这样做，会招来杀身之祸。

——清·申涵光《荆园进语》

**80．勤俭，治家之本；和顺，齐家之本；谨慎，保家之本；读书，起家之本；忠孝，传家之本。**

【译文】勤劳，是治家的根本；和顺，是齐家的根本；谨慎，是保家的根本；读书，是起家的根本；忠孝，是传家的根本。

——清·王师晋《资敬堂家训》

81. 修德存心如根本，积功累行譬之培植壅护，科名富贵譬之开花结果，愈培植则花果愈密。然繁荣灿烂不过时之盛，桃李荣于春，荷花盛于夏，桂香于秋，梅艳于冬，其余零落摧残之时多。惟根本不伤，可应时而发。

【译文】修养德性就像培育树的根本，长期做好事就像为树木培土浇灌，功名富贵就像开花结果，越是辛勤培育，花开得越旺盛，果实结得也越多。然而，花只能盛开一时，如桃李花开在春天，荷花开在夏天，桂花馨香于秋天，梅花娇艳于冬天，而其他时节多凋零。但只要花的根本不受损伤，时节一到，就会绽放。

——清·王师晋《资敬堂家训》

82. 每思天下事，受得小气，则不至于受大气；吃得小亏，则不至于吃大亏。此生平得力之处。凡事最不可想占便宜。便宜者，天下之人所共争也，我一人据之，则怨萃于我矣；我失便宜，则众怨消矣。故终身失便宜，乃终身得便宜。

【译文】常常想：凡事能忍受点小气，就不会受大气；能吃点小亏，就不会吃大亏。凡事不要总想着占便宜。便宜事，人们都想去争，如果被我一人占了，怨恨就会集中到我身上；我失掉便宜，众人对我就没有怨恨。所以说，一辈子失掉便宜，就是一辈子占了便宜。

——清·张英《聪训斋语》

**83．人非圣贤，孰能无过？必躬自厚而薄责于人，斯无失也。**

【译文】人非圣贤，谁能没有过错？如果待人宽厚，多看别人的优点，少看别人的缺点，就可以减少过失。

——清·李淦《燕翼篇》

**84．约言之，有四戒、四宜：一戒晏起，二戒懒惰，三戒奢华，四戒骄傲。既守四戒，又须规以四宜：一宜勤读，二宜敬师，三宜爱众，四宜慎食。以上八则，为教子之金科玉律。**

【译文】教育子女的方法，概括起来，有四戒、四宜。所谓四戒是：一戒晚起，二戒懒惰，三戒奢华，四戒骄傲。不仅要遵守四戒，还要规之以四宜。所谓四宜是：一宜勤奋读书，二宜尊敬老师，三宜关爱众生，四宜小心饮食。以上八条，是教育子女的金科玉律。

——清·纪昀《纪晓岚家书》

**85．吾资之昏，不逮人也；吾材之庸，不逮人也。旦旦而学之，久而不怠焉；迄乎成，而亦不知其昏与庸也。吾资之聪，倍人也；吾材之敏，倍人也。屏弃而不用，其昏与庸无以异也。然则昏庸聪敏之用，岂有常哉？**

【译文】我天资愚笨，比不上别人；我才能平庸，比不上别人。只要天天努力学习，恒常不懈，等到成功了，也不觉得自己愚笨和平庸。我天资聪敏，胜过别人一倍；我才干敏捷，胜过别人一倍。如果不去努力，那就和愚笨、平庸没有两样。照这样说来，所谓愚笨、平庸、聪明、灵敏，哪有什么一定不变的道理？

——清·彭端淑《为学一首示子侄》

86．好学人，那得死坐屋底？胸怀既因怀居卑劣，闻见遂不宽博。学之所益者浅，体之所安者深。闲习礼度，不如式瞻仪形；讽味遗言，不如亲承音旨。

【译文】好学习的人，哪能总坐在家中读书？这样，心胸会因贪恋安逸生活而变得狭隘，见闻也不会广博。从书本上获得的知识浅薄，通过实践得到的知识深刻。不时学习礼仪，不如亲眼看看现实中的礼仪；读前人留下的文字，不如亲耳聆听品行高尚的人的教诲。

——清·傅山《霜红龛家训》

87．思尽人子之责，报父祖之恩，致乡里之誉，贻后人之泽，唯有四事：一曰立品，二曰读书，三曰养身，四曰俭用。

【译文】想尽到做儿子的责任，报答祖、父的恩德，以至受到乡里赞誉，留给后人以福泽，要做到这四个方面：树立好的品德，读书，保养身体，节约开支。

——清·张英《聪训斋语》

88．吾教子弟不离八本、三致祥。八者曰：读古书以训诂为本，作诗文以声调为本，养亲以得欢心为本，养生以少恼怒为本，立身以不妄语为本，治家以不晏起为本，居官以不要钱为本，行军以不扰民为本。三者曰：孝致祥，勤致祥，恕致祥。

【译文】我教育子弟不要离开八个根本、三个吉祥。八个根本是：阅读古书以训诂为根本，赋诗作文以声调为根本，供养双亲以讨得欢心为根本，修身养性以减少恼怒为根本，为人处世以不乱言谈为根本，治理家庭以不晚起为根本，出仕做官以不贪财为根本，行军打仗以不骚扰百姓为根本。三种吉祥是：孝顺带来吉祥，勤劳带来吉祥，仁爱带来吉祥。

——清·曾国藩《曾文正公家训》

89．不贪财，不失言，不自是，有此三者，自然鬼服神钦，到处人皆敬重。

【译文】以不贪人钱财、不失信于人、不自以为是为处世做人之根本，谨守这三点，自然谁都会信服钦佩，都会敬重。

——清·曾国藩《曾文正公家训》

90．多读一岁书，多一岁之受用。多读一月书，多一月之受用。读书必有暗地工夫，方能进益。一边读一边想，坐则读，闲则记，夜则思量。至于与众游适，亦念念在此，必求理路透彻而后已，此真读也。若口吾伊而心玩好，身学馆而心务外，日计有余，月计不足，坐縻廪饩（lǐn xì）以瞒父兄。其父兄不知，亦曰读书无益。此是假读，与不读者同。

【译文】多读一年书，有多读一年书的用途；多读一个月的书，有多读一个月书的用途。读书必须充分利用课内课外一切时间，学业才会有大的进展。读书时要边读边思考，课上要认真诵读，空闲时要默记背诵，晚上躺下后要琢磨书上所讲的道理。甚至在与人游玩的时候，也念念不忘读书的事，直到真正弄通道理才肯罢休，这才是真正的读书。倘若心不在焉，嘴上在读而心想着玩，身在学馆而心在外面，不充分利用时间，白白浪费粮食，还欺瞒长辈。长辈不知实情，误以为读书无益。这是假读书，和不读书没有什么区别。

——清·高拱京《高氏塾铎》

91. 勤有三益。曰民生在勤，勤则不匮，是勤可以免饥，一益也。农民昼则力作，夜则甘寝，邪心淫念，无从而生，是勤可以远淫僻，二益也。户枢不蠹（dù），流水不腐，周公论三宗，父王必归无逸，是勤可以致寿考，三益也。

俭有四益。人之贪淫，未有不生于奢侈者。俭则不至于贪，何从而淫？是俭可以养德，一益也。人之福禄，只有此数，暴殄（tiǎn）糜（méi）费，必致短促。樽节爱养，自能长久。是俭可以养寿，二益也。醉浓饱鲜，昏人神志。菜羹蔬食，肠胃清虚。是俭可以养神，三益也。奢则妄取苟求，志气卑辱，一从俭约，则于人无求，于己无愧。是俭可以养气，四益也。

【译文】勤劳有三个好处：其一，勤劳能丰衣足食，摆脱贫穷；其二，勤劳可以远避淫邪，白天辛勤劳作，夜里睡得香甜，淫邪之念无从生起；其三，勤劳使人长寿。"户枢不蠹，流水不腐"，周公谈到为周的发展壮大作出重大贡献的三位祖先时，往往将他们的长寿归于勤勉。这是勤劳可以长寿的例子。

俭有四点益处。其一，节俭可以养德。奢侈会使人变得贪婪淫荡，而节俭生不出贪淫。其二，节俭可以延年益寿。人的福祉

是有定数的,奢侈浪费不能长久。其三,节俭可以养神。花天酒地,必然常常酩酊大醉,醉酒则使人神魂颠倒。其四,节俭可以养气。奢侈必然贪得无厌,降低人格,而节俭则无须求人,更无愧于己,不求人不愧己便可养气。

——清·高拱京《高氏塾铎》

**92. 读书不耐苦,则无所用心之人;境遇不耐苦,则无所成就之人。**

【译文】如果读书耐不得苦,就是一个无所用心的人;如果在恶劣的环境下耐不得苦,就是一个无所成就的人。

——清·左宗棠《左宗棠家训》

**93. 早眠,早起;读书要眼到,一笔一画莫看错;口到,一字莫含糊;心到,一字莫放过。写字要端身正坐,要悬大腕,大指节要凸起,五指爪均要用劲,要爱惜笔墨纸。温书要多遍数想解,解读生书要细心听解。走路、吃饭、穿衣、说话,均要学好样。**

【译文】早睡,早起;读书做到眼到、口到、心到。所谓眼到,指的是一笔一画都别看错;所谓口到,指的是每个字都别念错;所谓心到,指的是每个字都仔细领会,一个也别漏掉。写字时要坐得端正,大指节要凸起,五个手指头都使上劲,笔墨纸都要爱惜。温书时要多看几遍、多想几遍,老师讲解新课时要细心听讲。无论走路、吃饭、穿衣,还是说话,都要照好的学。

——清·左宗棠《左宗棠家训》

94．日日留心，则一日有一日之长进；事事留心，则一事有一事之长进。学业才识，不日进，则日退，须随时随事留心着力为要。

【译文】如果日日留心，一天就有一天的长进；事事留心，一事就有一事的长进。学业才识，不一天天进步，就会一天天退步，必须随时随事多加留心，花上气力，这至为重要。

——清·李鸿章，出自《清代四名人家书》

95．去贫之法，惟有先戒懒惰，再学节俭。克勤克俭，劳心努力，断没有长贫穷的道理。

【译文】除去贫困的方法，首先是戒除懒惰，再学习节俭。只要勤俭节约，努力做事，就没有长久贫困的道理。

——邹岐山《启后留言》

96．事闲勿荒，事繁勿慌。有言必信，无欲则刚。和若春风，肃若秋霜。取象于钱，外圆内方。

【译文】闲暇时找事做，繁忙时理事做。言出必行，严于律己。生活中和蔼，工作中严谨。表面随和，内心严正。

——黄炎培《示子书》

97．创业难，守业亦难，明知物力维艰，事事莫争虚体面；居家易，治家不易，欲自我身作则，行行当立好楷模。

【译文】艰苦创业，勤俭持家，不可追求虚荣；做了长辈更要以身作则，身教重于言传，处处做好样子，成为后代效仿的

楷模。

——吴玉章《教子联》

**98．得失成败尽量置之度外，只求竭尽所能，无愧于心。**

【译文】成败不要过分在乎，只要努力过、奋斗过，没有因付出而感到后悔，就是好的。

——傅雷《傅雷家书》

**99．不要空言无事事，不要近视无远谋。**

【译文】不要只说不做，无所事事，不要只看眼前，无所用心。人无远谋，必有近忧。谨言慎行，有所作为，方是正途。

——陈毅《示儿女》

**100．恋亲不为亲徇私，念旧不为旧谋利，济亲不为亲撑腰。**

【译文】个人感情与党纪国法分清，公权力运用与个人和家庭利益分清，职务行为与私人行为分清。

——毛泽东《亲情三原则》

# 一百则以孝治家警句

老吾老,以及人之老;幼吾幼,以及人之幼。天下可运于掌。

1．江海之所以能为百谷王者，以其善下之，故能为百谷王。

【译文】百川河流汇往江海，乃是由于江海善于处在低下的地方，所以能成为百川之王。

——《道德经》

2．人法地，地法天，天法道，道法自然。

【译文】做事要遵循法则，违背法则，事必无成。

——《道德经》

3．祸兮福之所倚，福兮祸之所伏。

【译文】灾祸有幸福的因素依附着，幸福有灾祸的因素隐藏着，这说明了祸与福的辩证关系。坏事可以变成好事，好事也可以变成坏事，事物无不向相反的方向转化。

——《道德经》

4．父兮生我，母兮鞠我，拊我畜我，长我育我，顾我复我，出入腹我。欲报之德，昊天罔极！

【译文】父亲啊，你生了我，母亲啊，你养了我。你们抚慰着我，哺育着我，扶助着我，培育着我，照看着我，反复留心着我，走进走出还要抱着我。这个恩德就像广阔无边的天，没有能报答完的时候。

——《诗经·小雅·蓼莪》

一百则以孝治家警句

5．父母之年，不可不知也。一则以喜，一则以惧。

【译文】父母的年纪，不可不知，要常常记在心里。一方面为他们的长寿而高兴，一方面又为他们的衰老而恐惧。

——《论语·里仁》

**6．见贤思齐焉，见不贤而内自省也。**

【译文】看见贤人，应该学习他的美德，努力追赶上去；看见不贤的人，应该以他的缺点为借鉴，自我检查有没有类似的毛病。

——《论语·里仁》

**7．己所不欲，勿施于人。**

【译文】自己不愿意做的事，不要强加在他人身上。

——《论语·颜渊》

**8．士不可以不弘毅，任重而道远。**

【译文】读书人不可以不刚毅，因为负担重且路途远，喻指责任重大。

——《论语·泰伯》

**9．五不祥：损人而自益，身之不祥也；弃老而取幼，家之不祥也；释贤而用不肖，国之不祥也；老者不教，幼者不学，俗之不祥也；圣人伏匿，愚者擅权，天下不祥也。**

【译文】不吉祥的事有五种：损人以利己，是自身的不祥；遗弃老人而只顾孩子，是家庭的不祥；舍弃贤明之人却任用不肖之徒，是国家的不祥；年老智慧者不愿意教导，而年轻人又不好学，是风俗的不祥；有才德之人隐退，没有智慧与德能的人却掌握大权，是天下的不祥。

——《孔子家语》

10．孝子之事亲也，居则致其敬，养则致其乐，病则致其忧，丧则致其哀，祭则致其严。

【译文】孝子对待父母，平时要表现得很恭敬，赡养父母要表现得很高兴，父母生病要表现得很忧虑，父母去世要表现得很悲哀，祭祀父母要表现得很敬畏。

——《孝经·纪孝行》

11．生则亲安之。

【译文】父母在世时，要让父母生活安定。

——《孝经·孝治》

12．人之行莫大于孝。

【译文】人的一切行为，没有比孝道更重要的。

——《孝经·圣治》

13．五刑之属三千，而罪莫大于不孝。

【译文】五大类刑罚，其罪名有几千种之多，其中不孝之罪最大。

——《孝经·五刑》

14．教民亲爱，莫善于孝。

【译文】教育老百姓互相友爱，没有比用孝行来感化他们更好了。

——《孝经·广要道》

**15．君子之事亲孝，故忠，可移于君。**

【译文】君子奉养父母孝，因而也就忠，对父母的孝心可推广为忠君。

——《孝经·广扬名》

**16．故当不义，则子不可以不争于父，臣不可以不争于君。故当不义则争之，从父之令，又焉得为孝乎？**

【译文】当父亲或君主的行为不合礼义时，做儿子或臣子的就不能不劝谏。所以，行为不合礼义就要极力劝谏，无原则地听从父亲的教命，又怎能做个孝子？

——《孝经·谏诤》

**17．孝子之丧亲也，哭不偯（yǐ），礼无容，言不文，服美不安，闻乐不乐，食旨不甘。**

【译文】孝子失去双亲，他的哭没有声音，行礼也不带笑容，说话也不讲究文采，穿上华丽的衣服就感到不安，听到音乐也不感到快乐，吃上美味也不感到好吃。

——《孝经·丧亲》

**18．生事爱敬，死事哀戚。**

【译文】父母活着要用亲爱恭敬的态度侍奉，父母去世要用悲哀忧伤的心情办理丧事。

——《孝经·丧亲》

**19．孝有三：大孝尊亲，其次弗辱，其下能养。**

【译文】孝可分三类：最上等的是使父母受人尊敬，次一等的是不使父母受到侮辱，最下等的是能赡养父母。

——《礼记·祭义》

**20．父母之所爱亦爱之，父母之所敬亦敬之。**

【译文】父母所爱的，做儿女的也应当去爱；父母所尊敬的，做儿女的也应当去尊敬。

——《礼记·内则》

**21．睦于父母之党，可谓孝矣。**

【译文】能和父母的亲族和睦相处，就可以称得上孝。

——《礼记·坊记》

**22．凡为人子之礼，冬温而夏清，昏定而晨省。**

【译文】对子女的要求是：冬天使父母过得温暖，夏天使父母过得凉爽；晚上为父母安排好床褥，早上早早给父母请安。

——《礼记·曲礼上》

**23．身也者，父母之遗体也。行父母之遗体，敢不敬乎？**

【译文】身体是父母遗留给下一代的，保养这个身体，敢不谨慎吗？

——《礼记·祭义》

**24．父母有过，谏而不逆。**

【译文】父母有过错，要加以规劝，但不能违拗父母的心意。

——《礼记·祭义》

**25．先王之孝也，色不忘乎目，声不绝乎耳，心志嗜欲不忘乎心。**

【译文】先王孝敬父母，把父母生前的形象、讲话的声音，思想、爱好都牢记心中。

——《礼记·祭义》

**26．生则敬养，死则敬享。**

【译文】父母活着要恭敬地赡养，父母去世要恭敬地祭享。

——《礼记·祭义》

**27．孝子之养老也，乐其心，不违其志，乐其耳目，安其寝处，以其饮食忠养之。**

【译文】孝子赡养父母，要使他们心情舒畅，不违拗他们的心愿，让他们从娱乐活动中得到快乐，保证他们睡得安稳，供给他们喜欢的食物。

——《礼记·内则》

28．为人子，止于孝；为人父，止于慈。

【译文】作为子女要尽孝，作为父亲要慈爱。

——《礼记·大学》

29．公家之利，知无不为，忠也。

【译文】只要是对国家有利的事，知道了都会去做，这就叫忠。

——《左传·僖公九年》

30．人谁无过，过而能改，善莫大焉。

【译文】谁都难免犯错误，犯了错误能改正，就是莫大的好事。

——《左传·宣公二年》

31．孝子不谀其亲，忠臣不谄其君，臣子之盛也。

【译文】孝子不奉承父母，忠臣不谄媚国君，这是忠臣孝子尽忠尽孝的极致。

——《庄子·天地》

32．人人亲其亲，长其长，而天下平。

【译文】只要人人都爱敬自己的亲人，尊重自己的长辈，天下就太平无事。

——《孟子·梁惠王上》

**33.** 谨庠（xiáng）序之教，申之以孝悌之义，颁白者不负戴于道路矣。

【译文】注重学校教育，阐明孝顺父母、尊敬兄长的道理，道路上就不会有白发苍苍的老人背或顶着东西。

——《孟子·梁惠王上》

**34.** 老吾老，以及人之老；幼吾幼，以及人之幼。天下可运于掌。

【译文】尊敬自己的父母长辈，从而推广到尊敬所有人的父母长辈；爱护自己的孩子，从而推广到爱护所有人的孩子。做到这一点，治理天下就像在手掌心里转动东西那样容易。

——《孟子·梁惠王上》

**35．父子有亲，君臣有义，夫妇有别，长幼有序，朋友有信。**

【译文】父亲与儿子之间有亲情，君王与臣子之间有节义，夫妻之间有分工，长幼之间有主次，朋友之间有信任。

——《孟子·滕文公上》

**36．爱人者，人恒爱之；敬人者，人恒敬之。**

【译文】爱别人的人，别人也永远爱他；尊敬别人的人，别人也永远尊敬他。

——《孟子·离娄下》

**37．穷则独善其身，达则兼善天下。**

【译文】不得志的时候，要管好自己的道德修养；得志的时候，要努力让百姓得到好处。

——《孟子·尽心上》

**38．天时不如地利，地利不如人和。**

【译文】有利于作战的天气、时令，比不上有利于作战的地理形势；有利于作战的地理形势，比不上作战中的人心所向、内部团结。

——《孟子·公孙丑下》

### 39. 君子不以天下俭其亲。

【译文】有德之人，在任何情形下，都不能在父母身上节俭。

——《孟子·公孙丑下》

### 40. 鱼，我所欲也；熊掌，亦我所欲也。二者不可得兼，舍鱼而取熊掌者也。

【译文】鱼是我想要的，熊掌也是我想要的。如果这两种东西不能同时得到，就舍掉鱼而选取熊掌。（原比喻"生"和"义"不能同时得到，应舍生取义。）

——《孟子·告子上》

### 41. 事师之犹事父也。

【译文】对待老师就像对待自己的父亲一样，没有差别。

——《吕氏春秋·劝学》

### 42. 古之圣王，未有不尊师者也。

【译文】古代圣贤的帝王，没有不尊敬老师的。

——《吕氏春秋·劝学》

### 43. 善父母曰孝。

【译文】善待父母就叫孝。

——《尔雅·释训》

**44．人有德于我也，不可忘也；吾有德于人也，不可不忘也。**

【译文】别人对自己有恩德，这是不能忘记的；自己对别人有恩德，这是不能不忘记的。（意思是：应当牢记别人对自己的好处，而自己对别人的恩德不能念念不忘。）

——《战国策·魏策四》

**45．慈母爱子，非为报也。**

【译文】母亲爱孩子，并不是为了孩子的报答。

——《淮南子·缪称训》

**46．天下有三危：少德而多宠，危也；才下而位高，二危也；身无大功而受厚禄，三危也。**

【译文】天下有三种危险：好的品德少而受到的恩宠多，这是第一种危险；才能低而官位高，这是第二种危险；没有立过大功而得到的俸禄丰厚，这是第三种危险。（这说明，人所享用的福禄应该和自身的品德、才能、贡献相称，否则，会有灾祸。）

——《淮南子·人间训》

**47．药酒苦于口而利于病，忠言逆于耳而利于行。**

【译文】药酒苦口，但对病情有利；忠言逆耳，但对行为有利。

——汉·桓宽《盐铁论·国疾》

**48．忠者中也，至公无私。**

【译文】忠就是中，就是公正无私心。

——汉·马融《忠经·天地神明》

**49．子孙若贤，不待多富；若其不贤，则多以征怨。**

【译文】子孙如果有才德，不需财富多；如果没有才德，财富多了，反而会招致怨恨。（教育应该注重使子孙成为德才兼备的人，而不在于留给他们多少财产。）

——汉·王符《潜夫论·遏利》

**50．每有患急，先人后己。**

【译文】每当有祸患或危难的事情发生，应当首先关心别人，其次才是自己。

——陈寿《三国志·蜀志》

**51．慈母手中线，游子身上衣。临行密密缝，意恐迟迟归。谁言寸草心，报得三春晖。**

【译文】慈母用手中的针线，为远行的儿子赶制衣衫。临行前一针针密密地缝缀，怕的是儿子回来得晚衣服破损。有谁敢说，子女像小草那样微弱的孝心，能报答得了像春晖普泽的慈母恩情呢？

——唐·孟郊

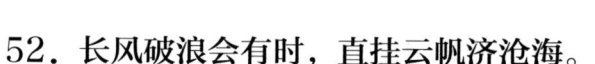

**52．长风破浪会有时，直挂云帆济沧海。**

【译文】相信总有一天，能乘长风破万里浪，高高挂起云帆，在沧海中勇往直前。

——唐·李白

**53．先天下之忧而忧，后天下之乐而乐。**

【译文】吃苦在前，享乐在后。（表现了作者忧国爱民，以天下为己任的博大胸怀。现常用来表现革命者先人后己的高尚情操。）

——宋·范仲淹

**54．慈孝之心，人皆有之。**

【译文】慈爱和孝敬之心是每个人都有且必须要懂的。

——宋·苏辙

**55．妻贤夫祸少，子孝父心宽。**

【译文】妻子贤惠，丈夫的灾难就少；儿女孝顺，父母的心里就宽慰。

——宋·陈元靓

**56．内睦者，家道昌。**

【译文】家庭内部和睦，家道就会昌盛。

——宋·林逋

57．祭而丰，不如养之薄也。

【译文】用丰盛的物品来祭祀父母，还不如趁父母在世时用普通的食物奉养他们。

——宋·欧阳修《泷冈阡表》

58．不告其过，非忠也。

【译文】朋友有过错而不加以规劝，这是不忠的行为。

——宋·程颢

59．俭而能施，仁也；俭而寡求，义也；俭以为家法，礼也；俭以训子孙，智也。

【译文】节俭而能施舍，说明道德高尚；节俭而不求于人，说明有道义；以节俭作为家法，是在继承礼仪；用节俭来教诲子孙，称得上明智。

——宋·倪思《经锄堂杂志》

60．父母于其子幼之时，爱念抚育，有不可以言尽者。子虽终身承欢尽养，极尽孝道，终不能报其少小爱念抚育之恩。

【译文】父母在子女年幼的时候，爱护他们，抚爱他们，哺育他们，说也说不完。子女即使终生让父母开心，尽心奉养，极尽孝敬之心，也不能报答少时父母对自己的恩德。

——宋·袁采

**61．动天之德莫大于孝，感物之道莫过于诚。**

【译文】感动上天没有比孝更大的，感动万物没有比真诚更可贵的。

——宋·何铸

**62．昔孟母，择邻处。子不学，断机杼。**

【译文】战国时，孟子的母亲曾三次搬家，是为了让孟子有个好的学习环境。有一次孟子逃学，孟母就割断织机上的布来教子。

——宋·王应麟《三字经》

**63．一念慈祥，可以酝酿两间和气；寸心清白，可以昭垂百代清芳。**

【译文】念头慈悲和善，可以造成天地之间的和平景象；心地纯洁，不起妄念，可以把清白美誉久远地留传给后人。

——明·洪应明《菜根谭》

**64．无责人，自修之第一要道；能体人，养量之第一要法。**

【译文】不责备他人，是自我修养最基本的方法；能体谅他人，是培养度量最重要的方法。

——明·吕坤《呻吟语》

## 65．由俭入奢易，由奢入俭难。

【译文】从节衣缩食变成丰衣足食，轻而易举；从丰衣足食变成节衣缩食，那就难了。

——《增广贤文》

## 66．事亲须当养志，爱子莫令偷安。

【译文】孝敬父母，应该让父母打心眼里感到高兴；爱护孩子，千万不能让他贪图安逸。

——《增广贤文》

## 67．孝顺还生孝顺子，忤逆还生忤逆儿。

【译文】孝顺的人所生的孩子也会孝顺父母；不孝敬父母，即所谓忤逆之人，他的孩子也会忤逆。

——《增广贤文》

## 68．志从肥甘丧，心以淡泊明。

【译文】人会因为肥美的食物（良好的条件）而丧失志向，却会因淡泊名利而明确志向。

——《增广贤文》

**69．世间第一好事，莫如救难怜贫。**

【译文】世间第一的大好事，莫如救人于危难，悲悯舍施于贫困。（人若不遇天灾人祸的打击与折磨，是不会知道其中的意味的。）

——《小儿语》

**70．自家过失，不消遮掩。遮掩不得，又添一短。**

【译文】有过失不必遮掩；遮掩不了，又添一个过失。

——《小儿语》

**71．骨肉之间，多一分浑厚，便多留一分亲情，是非上不必太明。**

【译文】骨肉之间多包涵一点，亲情会更加深厚，至于那些鸡毛蒜皮的平凡事，不必太在意。

——明·黄宗羲

**72．一念不欺为忠。**

【译文】一点欺诈的念头都没有，这就叫忠。

——明·冯时可《雨航杂录》

**73．重赀（zī）财，薄父母，不成人子。**

【译文】看重钱财，薄待父母，不符合为人子之道，也就不能称为人子。

——清·朱柏庐《朱子治家格言》

74．崇节俭以保身家，勤学问以远鄙俗，积阴德以贻子孙。

【译文】崇尚节俭以保全身家，勤于学问而远避鄙俗的人，积善成德为子孙幸福着想。

——清·王师晋《资敬堂家训》

75．天下无不是的父母；世间最难得者兄弟。

【译文】天下没有做得不对的父母，世间最珍贵的是手足之情。

——清·金缨《格言联璧》

76．古今来许多世家，无非积德；天地间第一人品，还是读书。

【译文】古往今来，许多世家的名声都是靠积累德行而成就的；天地之间，高洁的品质只有通过读书才可获取。

——清·金缨《格言联璧》

77．父母德高，子女良教。

【译文】父母品德高尚，子女教养优良。

——《格言对联》

78．好饭先尽爹娘用，好衣先尽爹娘穿。

【译文】好饭先给父母吃，好衣先给父母穿。

——《劝报亲恩篇》

### 79. 十月胎恩重,三生报答轻。

【译文】母亲怀胎十月,含辛茹苦。这个恩情,即使用三次生命去报答也报答不了。

——《劝孝歌》

### 80. 老母一百岁,常念八十儿。

【译文】无论儿女的岁数多大,只要母亲健在,就无时无刻不挂念着儿女。

——《劝孝歌》

### 81. 尊前慈母在,浪子不觉寒。

【译文】有慈母在堂,在外流浪的儿子不会担心过冬的衣服。

——《劝孝歌》

### 82. 父母呼,应勿缓;父母命,行勿懒。

【译文】父母呼唤,应立即应答,不应迟缓拖延;父母叫你做的事情,应赶快去做,不应懒惰应付。

——清·李毓秀《弟子规》

### 83. 亲有过,谏使更,怡吾色,柔吾声。

【译文】父母有过错,子女应该规劝其改正错误。规劝的时候,脸色要和悦,声音要柔和。

——清·李毓秀《弟子规》

84．身有伤，贻亲忧；德有伤，贻亲羞。

【译文】爱护自己的身体，不要使身体受到伤害，让父母忧虑；更要注重自己的品德修养，不可做伤风败德的事，使父母蒙受耻辱。

——清·李毓秀《弟子规》

85．兄道友，弟道恭，兄弟睦，孝在中。

【译文】当兄长的要诀，是友善；当弟弟的要诀，是恭敬。兄弟和睦，自然称得上是孝。

——清·李毓秀《弟子规》

86．苟利国家生死以，岂因祸福避趋之。

【译文】如果对国家有利，我可以以命相许，怎能见祸就逃，见福就抢？（表现了一心为国的高尚情怀。苟：如果。以：与，交出。避趋：逃避和趋求。）

——清·林则徐《赴戍登程口占示家人》

87．为学莫重于尊师。

【译文】学习最主要的是尊重老师。

——清·谭嗣同

88．孝是流水，上代截流，下代干涸。

【易解】你自己没有为孝作出典范，后人怎知孝敬你呢？

——字严

**89．失去了慈母，便像花插在瓶子里，虽然还有色有香，却失去了根。**

【易解】在一个人的生命中，慈母是非常重要的，就像根对于花一样重要。根把所有的养分都输向花，让花在风中摇摆起舞，尽情欢唱，自己却总是在泥土的深处直到老。

——老舍

90．成功的时候，谁都是朋友。但只有母亲——她是失败时的伴侣。

【易解】你在成功的时候，谁都是你的朋友。但是失败的时候，只有母亲陪伴着你。

——郑振铎

91．父母是孩子的第一任老师。孩子从幼儿到小学、中学时期，大部分是生活在家庭里，而这正是孩子长身体，长知识，培养性格、品德，为形成世界观打基础的时期，父母的一言一行都给孩子深远的影响。

【易解】孩子是父母的复印件，喊破嗓子，不如做出样子。

——宋庆龄

92．教人要从小教起。幼儿比如幼苗，培养得宜，方能发芽滋长，否则幼年受了损伤，即不夭折，也难成材。

【易解】节气不饶苗，岁月不饶人。儿时不修剪，长大难成人。

——陶行知

93．不孝的人是世界上最可恶的人。

【易解】在孝顺老人上，鲁迅给世人做了很好的榜样。

——鲁迅

## 94. 厚以责己，薄以责人。

【易解】为人处世，要严于律己，宽以待人。

——蔡元培

## 95. 做学问要在不疑处有疑，待人要在有疑处不疑。

【易解】做学问要有怀疑精神，科学是严谨的，不懂就要问，不要模模糊糊、模棱两可，要有寻根究底、不达目的誓不罢休的精神。做人要宽宏大量，大肚能容天下之人，大度的人常常活得比那些小肚鸡肠的人更加快乐。要相信朋友，只有相互信任，将心比心，才能收获友谊，不要总是疑神疑鬼。人与人之间，沟通的纽带就是"情"字，道听途说不可信，要相信情可以化解一切是非恩怨。

——胡适

## 96. 谅解、支援和友谊，比什么都重要。

【易解】一个人要具备宽容心，有了容人的气度，他人尤其是朋友损害了自己，才能及时原谅对方，对他遇到的难题伸出援手，这不仅是对友谊的珍惜，更是人格魅力的具体表现。

——毛泽东

## 97. 意志坚如铁，度量大似海。

【易解】形容一个人意志坚强，坚韧不拔；肚量也很大，宰相肚里能撑船。

——毛泽东

98．世界是你们的，也是我们的，但是归根结底是你们的。你们青年人朝气蓬勃，正在兴旺时期，好像早晨八九点钟的太阳。希望寄托在你们身上。

【易解】青年有理想，国家有力量！中国青年既是新时代的追梦者，也是民族复兴的圆梦人。

——毛泽东

99．大智者必谦和，大善者必宽容。唯有小智者才咄咄逼人，小善者才会斤斤计较。

【易解】有大智慧的人一定谦和，有大善的人一定宽容。只有小智慧的人才咄咄逼人，小善的人才斤斤计较。

——周国平

100．一滴水只有放进大海里才永远不会干涸，一个人只有当他把自己和集体事业融合在一起的时候才能最有力量。

【易解】人本身是微小的，如果独立处事，就会力量不足，很容易被埋没，所以，团结才会把事情干好。

——雷锋

# 一百句以孝治家谚语

心地善良是快乐之门,胸襟开阔是长寿之本。

1. 百善孝为先。
2. 羊有跪乳之恩，鸦有反哺之义。
3. 千里去烧香，不如在家敬爹娘。
4. 要知亲恩，看你儿郎；要求子顺，先孝爹娘。
5. 树欲静而风不止，子欲养而亲不待。
6. 家有一老，犹如一宝。
7. 当家才知柴米贵，养儿方知父母恩。
8. 滴水之恩，当涌泉相报。
9. 老姜辣味大，老人经验多。
10. 老人不讲古，后生会失谱。
11. 上梁不正下梁歪。
12. 言传不如身教。
13. 人怕理，马怕鞭。
14. 以势服人口，以理服人心。
15. 煮饭要放米，讲话要讲理。
16. 静坐常思己过，闲谈莫论他非。
17. 牛无力拖横耙，人无理说横话。
18. 良药苦口利于病，忠言逆耳利于行。
19. 算命若有准，世上无穷人。
20. 灯不亮，要人拨；事不明，要人说。
21. 好话一句三冬暖，恶语伤人六月寒。
22. 不是天下无好人，是你顾己不顾人。
23. 一人说话全有理，两人说话见高低。
24. 只向良言低头，不向刀枪弯腰。

25. 人前若爱争长短，人后必然说是非。

26. 做事循天理，出言顺人心。

27. 多门之室生风，多言之人生祸。

28. 宁可荤口念佛，不可素口骂人。

29. 好事不出门，坏事传千里。

30. 大人不记小人过，宰相肚里能撑船。

31. 让人一寸，得理一尺。

32. 水至清则无鱼，人至察则无徒。

33. 别人生气我不气，气出病来无人替。

34. 三个臭皮匠，顶个诸葛亮。

35. 人多山倒，力众海移。

36. 人心齐，泰山移。

37. 树帮树成行，人帮人成王。

38. 邻居好，赛金宝。

39. 有福同享，有难同当。

40. 众人拾柴火焰高。

41. 远亲不如近邻，近邻不抵对门。

42. 多个朋友多条路，多个冤家多道墙。

43. 众人一条心，黄土变成金。

44. 众人种树树成林，大家栽花花才香。

45. 树直用处多，人直朋友多。

46. 有缘千里来相会，无缘对面不相识。

47. 活到老，学到老。

48. 三岁看大，七岁看老。

49. 世上无难事,只怕有心人。

50. 无志之人常立志,有志之人立长志。

51. 不怕事不成,就怕心不诚。

52. 水不流,会发臭;人不学,会落后。

53. 宝剑锋从磨砺出,梅花香自苦寒来。

54. 师父领进门,修行靠个人。

55. 刀不磨要生锈,人不学要落后。

56. 根不正,苗必歪,染缸里捯(dáo)不出白布来。

57. 头回上当,二回心亮。

58. 困难像弹簧,看你强不强,你强它就弱,你弱它就强。

59. 父母的美德是子女最大的财富。

60. 近朱者赤,近墨者黑。

61. 生于忧患,死于安乐。

62. 人往高处走,水往低处流。

63. 骄傲来自浅薄,狂妄出于无知。

64. 井越淘,水越清;事越摆,理越明。

65. 学了就用处处行,光学不用等于零。

66. 玉不琢,不成器;人不学,不知义。

67. 多行不义,必自毙。

68. 天凭日月,人凭良心。

69. 为人不做亏心事,半夜敲门心不惊。

70. 不怕人不敬,就怕己不正。

71. 身正不怕影子斜。

72. 火要空心,人要忠心。

73. 精诚所至,金石为开。

74. 人恶人怕天不怕,人善人欺天不欺。

75. 功不可以虚成,名不可以伪立。

76. 口善心不善,枉把弥陀念。

77. 祸福无门,都是自寻。

78. 改变自己,是自救;影响别人,是救人。

79. 吃饭先尝一尝,做事先想一想。

80. 积善之家,必有余庆。

81．勤是摇钱树，俭是聚宝盆。

82．笑一笑，十年少；愁一愁，白了头。

83．把握一个今天，胜似两个明天。

84．路在人走，事在人为。

85．心地善良是快乐之门，胸襟开阔是长寿之本。

86．求神不如求人，求人不如求己。

87．善心是天堂，恶行是地狱。

88．孤犊触乳，娇子骂母，惯儿不孝，惯狗上灶。

89．黄金有价，良心无价。

90．要想孩子行为正，父母先要过得硬。

91．好马不用鞭策，响鼓不用重槌。

92．浪子回头金不换。

93．天不言自高，地不言自厚。

94．失去一恶，日长十善。

95．牛要耕田马要骑，孩子不管要叛逆。

96．小孩不能惯，一惯定有乱。

97．挣钱好比针挑土，花钱好比水推沙。

98．一勤生百巧，一懒生百病。

99．好底好帮做好鞋，好爷好娘养好孩。

100．种田不好误一年，读书不好误一生。

# 一百首以孝治家歌曲(名录)

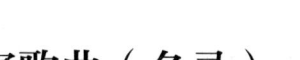

我爱你中国,百灵鸟从蓝天飞过,我爱你,中国……

1.《我爱你,中国》

2.《孝和中国》

3.《今天是你的生日》

4.《我的中国心》

5.《感恩的心》

6.《爱的奉献》

7.《百善孝为先》

8.《念亲恩》

9.《跪羊图》

10.《立志学孝贤》

11.《四德歌》

12.《行孝不能等》

13.《天下父母心》

14.《孝义人生》

15.《一生永报父母恩》

16.《常回家看看》

17.《牵挂》

18.《背影》

19.《带你回家》

20.《我的父母双亲》

21.《家有爹娘》

22.《父母之爱》

23.《父亲》

24.《母亲》

25.《白发亲娘》

26.《想妈妈》

27.《想起爹和娘》

28.《时间都去哪儿了》

29.《父亲辛苦了》

30.《烛光里的妈妈》

31.《爹娘是我眼中佛》

32.《孝顺父母》

33.《妈妈，请您今晚睡个好觉》

34.《妈妈的皱纹》

35.《梦中的油灯》

36.《一封家书》

37.《儿行千里母担忧》

38.《愿爹娘百岁享安康》

39.《我把孝心寄回家》

40.《酒干倘卖无》

41.《树欲静而风不止》

42.《故乡的云》

43.《父亲的草原母亲的河》

44.《天堂》

45.《唱给妈妈的歌》

46.《妈妈的吻》

47.《父老乡亲》

48.《传承》

49.《家贫子读书》

50.《妈妈的眼睛》

51.《游子吟》

52.《流浪歌》

53.《好人一生平安》

54.《龙的传人》

55.《孝敬父母》

56.《我爱爸爸，我爱妈妈》

57.《小船》

58.《泛爱众》

59.《新亲子儿歌》

60.《只要妈妈露笑脸》

61.《好爸爸，坏爸爸》

62.《长大后我就成了你》

63.《我爱老师的目光》

64.《我们的祖国是花园》

65.《妈妈的爱》

66.《少先队队歌》

67.《种太阳》

68.《五星红旗迎风飘扬》

69.《听妈妈讲那过去的事情》

70.《让我们荡起双桨》

71.《太阳岛上》

72.《乡间小路》

73.《垄上行》

74.《我的祖国》

75.《雪绒花》

76.《紫罗兰》

77.《雨花石》

78.《外婆的澎湖湾》

79.《童年》

80.《校园的早晨》

81.《歌声与微笑》

82.《采蘑菇的小姑娘》

83.《劳动最光荣》

84.《咱们从小讲礼貌》

85.《隐形的翅膀》

86.《蓝天白云跟我来》

87.《星星的手》

88.《水手》

89.《找朋友》

90.《幸福拍手歌》

91.《健康歌》

92.《猴哥》

93.《弯弯的月亮》

94.《熊猫咪咪》

95.《红星照我去战斗》

96.《小螺号》

97.《生日快乐歌》

98.《数鸭子》

99.《马兰花》

100.《兰花草》

# 师生如父子，书院如家庭

## 楼宇烈

### "为人之道"与"为学之方"

中国传统书院的根本精神，我以为就是教之以"为人之道、为学之方"，这是教育的根本理念和宗旨。中国传统文化对教育是非常重视的，《礼记·学记》明确指出："建国君民，教学为先。"教育为立国之本。"立国之本"的根本之处，并不是简单地教授知识，而是教之以"为人之道"和"为学之方"，是将知识教育和道德教育结合在一起的。

近年来，教育界提倡与世界教育接轨，实际上进入一个误区：在西方的教育传统中，知识教育和道德教育是分头进行的，学校是知识教育的场所，教会、教堂是进行道德教育的场所。

中国的传统教育，知识教育和道德教育是集于一身的，书院体现了这种理念。而知识教育和道德教育，道德教育又是放在第一位的，"为人之道"是传统书院教书育人的根本理念。即使是知识传授，也不是灌输死的知识、书本的知识、章句的知识，而是教学习的方法，教会人发现知识、掌握知识和运用知识的方法和能力，这就是"为学之方"。

朱熹在《大学章句序》中，非常明确地规定了教育两个阶段的教学内容：八岁到十五岁的小学教育是"教之以洒扫、应对、进退之节，礼乐、射御、书数之文"，这个阶段的教育，注重行为规范的养成；十五岁以后的大学教育，"教之以穷理正心、修

己治人之道",注重道德修养、尊师重道。这都是围绕着"为人之道"展开的,从小学到大学,都是培养人的道德品质。

朱熹还提出了六条读书方法,这实际上也是书院的教学方法:循序渐进、熟读精思、虚心涵泳、切己体察、着紧用力、居敬持志。这就是"为学之方",从怎么学习到怎么实践的过程都提到了。

中国古代书院的理念和宗旨是围绕怎么做一个人、怎么成一个人来展开的。我们现在却常常是本末颠倒:我们抓成一个什么家而不去抓做一个人,我们抓遵守职业道德而不去抓做一个人的道德。书院要"立本","本立而道生"。

## 师生如父子,书院如家庭

书院还有一个传统,就是密切的师生关系。"师生如父子,书院如家庭",这是非常有意义的。

我们现在的师生关系,只是在课堂上才见面。有人说"师生如父子"是封建的东西,其实我觉得"父子关系"——师父师父,学子学子,师就是父,学就是子——是不能简单否定的。古代常讲君父臣子、父母官子民,这都是通过父子关系构建一种亲情,然后达到融洽的关系。

可能很多人会反对"师生如父子,书院如家庭"。我曾经接受中央台的专题采访,他们有一个问题,说中国历史上是家国同构的,他们认为这是封建专制主义的特征。是的,中国古代确实是家国同构,我们常把国天下变成家天下,然后把家天下推扩到国天下。很多人认为这是我们文化中的腐朽作风,近百年来我们

批判宗法血缘制度的核心也是家国同构。不能否认，确实有这方面的问题，但还可以从其他方面去理解。地方官跟子民的这种父子关系，就是绝对的不好吗？父母对子女是无私的奉献，是不计回报的。所以，我们看任何问题都不能简单地考虑。

书院的传统，尤其是"师生如父子，书院如家庭"的传统，是今天的教育非常需要的。现在的教育如果变成学生出钱买知识、教授收钱卖知识，那还有什么意义呢？

传统书院里所有的学生和老师同学习、同探讨、同游乐。我们都知道王阳明游南镇的故事。什么叫游南镇？不就是一起郊游嘛！大家在南镇游玩，看到了花，弟子问："花在心中，还是心外？"王阳明就回答说："你未看此花时，此花与汝心同归于寂；你来看此花时，则此花颜色一时明白起来。"他回答了一个非常深奥的问题，这不是单纯在课堂上能得到的。我讲过，学生要学会偷学，偷学不是偷东西，而是随时随地都可以学、随时随地都要学。但现在教育的问题是，没有随时随地一起同游的机会，学生怎么偷学？

**书院的教育理念值得借鉴**

书院继承了历代的教育理念，就是"有教无类，因材施教"，这两个方面的配合非常重要：一方面，不管你的资质如何，不管你的身份如何，我们是"有教无类"的；另一方面，我们根据你的不同资质进行不同的教育，充分地发挥你的资质，而不是批量生产化、标准化、规范化，扼杀许许多多学子的资质和才能。书院要充分地发挥每个学子的特长，"因材施教"，同时做到"有教无类",二者需要很好地配合。

书院教育理念根本的一点,就是启发式教育。什么是启发式教育?启发式教育,就是点拨的意思。该怎么点拨呢?首先,要启发学习的自觉性。孔子讲:"不愤不启,不悱不发。"学习的主动性要充分地调动起来,这是启发式教育的根本,然后才有"引而不发,跃如也"。如果他没有这个意识,你再教也没有用,再启发也没有用。

我原来对马一浮先生有一点不太理解。当年浙江大学请他当教授,他说"我不去","礼闻来学,未闻往教"嘛!我说那么坚持干什么呢!是的,"礼闻来学,未闻往教",但人家来请你,你就可以去传道嘛!这样做太古板了吧!

后来想想,马先生这样做很有道理——你没有来学的精神,我去教你干吗呢?对方没有学习要求,我们主动送上门,那就是对牛弹琴——对牛弹琴不是牛的问题,而是弹琴者的问题,弹琴者不看就弹,人家根本没有需要,你非要送上去给人家。学子一定要主动地自觉要求,才能有针对性地教育。书院教育过去都是自觉自愿的:学子背着粮食跑到深山老林来求学,有学习的主动性和自觉性。我们做老师的就爱收这样的学生,这样的学生才能进行启发式的教学。有了自觉,他才可能举一反三,融会贯通。这应当是书院坚持的一个原则。

书院坚持的另外一个原则就是,"自学为主,相互切磋,教学相长,自由讲学"。是"自学为主",不是灌输;然后是"相互切磋",在同学之间、在师生之间相互切磋,这样就能够"教学相长";然后是"自由讲学",大家可以发表自己的意见。这是书

院非常好的传统和精神。

古代书院一般会选在山林，靠近大自然，远离尘世，清净明洁，与现实社会保持距离，亦即与世俗价值保持距离。靠近大自然能令人的生命得到净化，对内心的欲望有一种洗涤的作用；因为大自然所显示的是宇宙的生命，即道的生命，所以，在山林中读书，我们更容易体会天地之秘密，体会生命与天地之交流，而得精神之超升。所以，后来朱熹、陆九渊等，有空即带学生游学、游山，在那里饮茶、作诗、作对，互相唱和，既和谐又可以切磋学问，互相引发，互相分享。学生在这种情景中往往会提出一些深刻的问题。旅行、读书、生活、研究、切磋、成长，打成一片，是书院一种很有特色的教学方法。

另一方面，把书院建筑在山林，亦可以时常警示我们，要对现实社会进行反省。唯有保持距离，才易于批判，尽读书人的责任，向历史文化交代，而不是向现实交代。若教育只向现实交代，则会失去应有的理想。这理想也就是我所说的文化慧命的继承。读书人的目标不一定是出仕做官，当道不行时，便要守道、讲学，把理想寄于将来。这一点，才是中国书院精神的历史体现。

# 以孝治家　幸福万家

## 泓　日

为实现中华民族伟大复兴的中国梦，也为了实现我们每一个人的梦想，以孝治家领导小组在全国发起了一个自下而上的群众行动，号召家家户户人人行动起来。这是事关千家万户幸福安康的大事情，不可等闲视之！

中华民族以孝立命，以孝传承。孝是中华民族的魂，孝是中华文化的根。中华民族上下五千多年，生生不息、团结奋进，靠的就是这个民族魂——"孝"。中华文化博大精深，卷帙浩繁，概括起来，无非就是由孝演绎而来的"孝悌忠信礼义廉耻仁爱和平"。这是中华文化的本体，中华文化的纲。抓住这十二个字，就是抓住了中华文化的本体和纲领。落实这十二个字，社会正气就会化解邪气！这十二个字存于心为德，行于事为道，中华文化也可以说是道德文化。国以人为本，人以德为本，德以孝为本。孝是立命之本。由此可见，以孝治家行动，形成了一股强大的能量场，推动了新时代精神文明在人民群众中的自我革命。这就是中华民族伟大复兴的奠基礼！

中华文化的大用是"修身、齐家、治国、平天下"，这是传承发展的普遍真理。中国历代明君名臣名士，无不以孝治身、以孝治家、以孝治国、以孝治天下，由此创造了大大小小的盛世。以孝治身、以孝治家是因，以孝治国、以孝治天下是果。因此，必须在"以孝治家"上下功夫。人们在生活中的种种矛盾反映在

家庭，解决在家庭，童蒙养正教育主要依靠家教。古代中国很多是几百几千人的宗族大家庭，"治大国如烹小鲜"。家齐了，国家就太平了！我们确定把"以孝治家 幸福万家""以孝治家 遍地开花"作为"以孝治家"行动的主要目标，这是我们老祖宗社会实践的成功经验。

从现实生活的需要来看，把"以孝治家"作为我们全心全意为人民服务的出发点和落脚点，更是迫在眉睫。当前，我们面临的困难和危机是前所未有的。道德败坏，取财无道。凡此种种，是怎样产生的？为什么会产生？原因是多方面的，主要丢失在教育。十年树木，百年树人。我们的老祖宗一直把树人的功夫下在家庭和社会，首先下在家庭的言传身教上。而现在的许多家长又是怎样安身立命？又是怎样教育后代的呢？不首先学会做人进而教育孩子做人，而是千方百计教育孩子学技能，搞竞争。这不能说不对，但是不能局限于此，不能从根本上偏离了方向。我们的家长不用老祖宗留下的"仁义礼智信"教育孩子，而是用以金钱为中心的西方价值观教育孩子，不是以慈心育人，而是以溺爱害人。当今有些孩子，缺少孝心、爱心、恭敬心和独立生活的能力，追求物质享受，迷恋于骄奢淫逸的生活方式。这种种不善的行为和恶习，根源全在教育。家庭教育是内因，学校、社会教育是外因，外因是通过内因起作用的。我们要重视家庭在教育中的特殊地位。

"以孝治家"以《五个一百工程》《弟子规》《三字经》和《孝经》为主要教材，进行圣贤教育，以唤醒孝心、爱心和恭敬心，使心为孝悌忠信，身为礼义廉耻，行为仁爱和平，懂得五伦大道，懂得为父要行慈道，为子要行孝道，为兄要行友道，为弟要行悌道，等等，时时处处走在道上。五伦当家，家庭必然和睦；家家和睦，社会就安定了；家家安居乐业，国家就长治久安了。